印制电路板设计教程

刘益标　王艳芬　主编

东南大学出版社
SOUTHEAST UNIVERSITY PRESS
·南京·

内容提要

Altium 公司的 Altium Designer 设计软件因其易学易用、布局布线功能强大的特点,广泛应用于印制电路板(PCB)设计中。本书以 Altium Designer 15 作为设计软件,通过五个项目,以任务驱动式的编写方法,结合实例介绍原理图(SCH)设计、原理图元件制作、印制电路板设计和 PCB 元件制作的方法。

本书可作为高职高专院校电子、电气专业的教学用书,也可作为相关社会培训机构的教材和广大自学者的入门学习用书。

图书在版编目(CIP)数据

印制电路板设计教程 / 刘益标,王艳芬主编.
南京 : 东南大学出版社,2025. 3. -- ISBN 978-7
-5766-1879-2

Ⅰ. TN410. 2

中国国家版本馆 CIP 数据核字第 2025UJ6788 号

策划编辑:邹　奎　　　　责任编辑:赵莉娜　　　　　　责任校对:韩小亮
封面设计:王　玥　　　　责任印制:周荣虎

印制电路板设计教程

主　　编:刘益标　王艳芬
出版发行:东南大学出版社
出 版 人:白云飞
社　　址:南京市四牌楼 2 号(210096)　邮编:210096　电话:025-83793330
网　　址:http://www.seupress.com
经　　销:全国各地新华书店
排　　版:南京布克文化发展有限公司
印　　刷:南京玉河印刷厂
开　　本:787 mm×1092 mm　1/16
印　　张:10.5
字　　数:220 千
版 印 次:2025 年 3 月第 1 版第 1 次印刷
书　　号:ISBN 978-7-5766-1879-2
定　　价:48.00 元

本社图书如有印装质量问题,请直接与营销部联系(电话:02583791830)

前言

PREFACE

随着电子技术的快速发展,大规模、超大规模集成电路的制造及应用使得电路板的制造工艺日趋精密和复杂,采用传统的设计手段和软件进行电路板设计已不能满足发展需求。以 Altium Designer 系列软件为代表的基于 Windows 的自动化电子设计软件逐渐发展和成熟起来,并在多个领域得到广泛的应用。

本书以 Altium Designer 15 为设计软件,对印制电路板设计的相关知识进行了详细讲解。全书共分为 5 个项目,项目一介绍印制电路板的基本概念、生产工艺和设计流程,Altium Designer 15 软件的安装和卸载,以及常用设计文件的新建、保存、加入和删除等操作方法;项目二介绍电路原理图设计的常用操作、设计方法;项目三介绍原理图元件的制作和使用;项目四介绍印制电路板的设计方法;项目五介绍 PCB 元件的制作和使用。

考虑到高职高专学生的学习特点,本书采用任务驱动的编写方法,通过实例详细介绍各个知识点的学习内容。各个项目附有教学视频,学生可通过视频进行学习。

本书由广东工贸职业技术学院和广东汇博机器人技术有限公司联合编写。广东工贸职业技术学院刘益标、王艳芬担任主编;广东工贸职业技术学院侯益坤、李佳宁、潘翔,广东汇博机器人技术有限公司王志锋担任副主编;参与编写工作的还有广东工贸职业技术学院的贺静、曹晓曼,广东汇博机器人技术有限公司的姚彦宇。

由于编者水平有限,书中难免存在错误和不足,恳请读者批评指正。

编者
2024 年 7 月

目录

CONTENTS

项目一 | 印制电路板基本知识

项目描述

本项目主要介绍印制电路板的基本概念、组成结构，印制电路板的生产工艺及设计流程，印制电路板计算机辅助设计的步骤，Altium Designer 软件的发展历史，软件的安装和卸载，设计管理器以及设计文件的创建、删除和导入等。

项目目标

(1) 了解印制电路板概念及组成结构。

(2) 了解印制电路板的生产工艺及设计流程。

(3) 熟悉印制电路板计算机辅助设计的步骤。

(4) 了解 Altium Designer 的发展历史和 Altium Designer 15 的特点。

(5) 掌握 Altium Designer 15 的安装和卸载。

(6) 掌握设计文件的创建和删除方法。

微课视频

微课 1　电路板工艺流程

项目一　微课视频

任务1　认识电路板

一、PCB

　　PCB(printed circuit board)即印制电路板,简称印制板或电路板(图 1-1),是电子工业中的重要部件之一。几乎每种电子设备,小到电子手表、计算器,大到计算机、通信电子设备、军用武器系统,只要用到集成电路等电子元件,为了使各个元件之间电气互连,都要使用电路板。印制电路板由绝缘底板、连接导线和装配焊接电子元件的焊盘组成,具有导电线路和绝缘底板的双重作用。它可以代替复杂的布线,实现电路中各元件之间的电气连接,使用印制电路板不仅简化了电子产品的装配、焊接工作,减少了传统方式下的接线工作量,大大减轻了工人的劳动强度,而且缩小了整机体积,降低了产品成本,提高了电子设备的质量和可靠性。印制电路板具有良好的产品一致性,它可以采用标准化设计,有利于在生产过程中实现机械化和自动化。同时,整块经过装配调试的印制电路板可以作为一个独立的备件,便于整机产品的互换与维修。目前,印制电路板已经广泛地应用在电子产品的生产制造中。

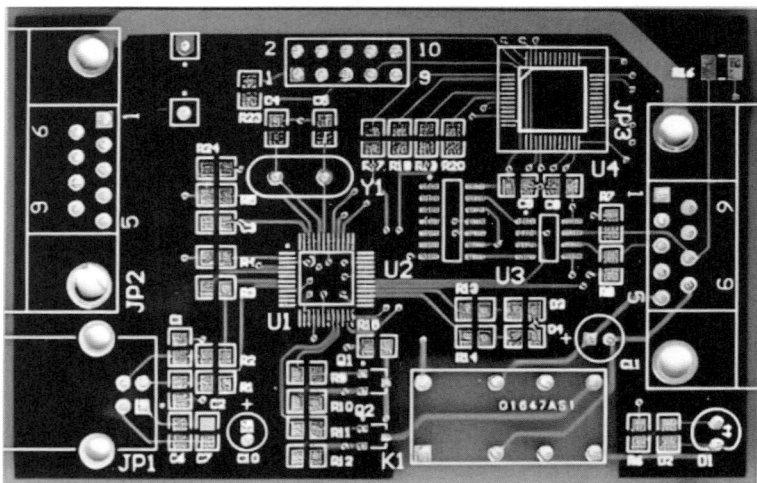

图 1-1　电路板实物图

　　最早的印制电路板是纸基敷铜印制板。自 20 世纪 50 年代半导体晶体管出现以来,印制板的需求量急剧上升。集成电路的迅速发展及广泛应用,使电子设备的体积越来越小,电路布线密度和难度越来越大,这就要求印制板要不断更新。目前印制电路板已从单面板发展到双面板、多层板和挠性板,且已具备超高密度、微型化和高可靠性等特点,新的设计方法、设计用品和制板材料、制板工艺不断涌现。近年来,各种计算机辅助设计

(CAD)印制电路板应用软件已经在行业内得到普及与推广,在专门化的印制板生产厂家中,机械化、自动化生产已经完全取代了手工操作。

二、印制电路板的特点

印制电路板之所以能得到越来越广泛的应用,是因为它具有许多独特的优点,大致如下:

1. 高密度化

多年来,印制电路板的高密度化一直随着集成电路集成度的提高和安装技术的进步而相应发展。

2. 高可靠性

通过一系列的检查、测试和老化试验等技术手段,可以保证 PCB 长期可靠地工作。

3. 可设计性

PCB 的各种性能(电气、物理、化学、机械等)的要求,可以通过设计标准化、规范化等来实现。这样设计时间短、效率高。

4. 可生产性

PCB 生产采用现代化管理,可实现标准化、规模(量)化、自动化生产,从而保证产品质量的一致性。

5. 可测试性

目前已有比较完整的 PCB 产品测试方法、测试标准,可以通过各种测试设备与仪器等检测并鉴定 PCB 产品的合格性和使用寿命。

6. 可组装性

PCB 产品既便于各种元件的标准化组装,又可以进行自动化、规模化批量生产。另外,将 PCB 与其他各种元件进行整体组装,还可以形成更大的部件、系统,乃至整机。

7. 可维护性

由于 PCB 产品与各种元件整体组装的部件是以标准化设计规模化生产的,因而这些部件也是标准化的。所以,即使系统发生故障,也可以快速、方便、灵活地进行更换,迅速恢复系统工作。

PCB 还有其他的优点,如可使系统小型化、轻量化,信号传输高速化等。

三、印制电路板的分类

印制电路板可以按照用途、基材类型、结构等来分类,一般按照 PCB 结构来划分,大体可以分为以下几种:单面板(非金属化孔)、双面板(金属化孔、银/碳浆贯孔)、常规多层板(四层板、六层板、多层板)、刚性印制板(埋/盲孔多层板、积层多层板)、平面板、挠性印制板(双面板、多层板)、刚-挠性印制板(用于高频、微波场景)、特种印制板(金属芯印制板、特厚铜层印制板、陶瓷印制板)、集成元件印制板(埋入无源元件、埋入有源元件、埋入复合元件)。

1. 单面板

在最基本的 PCB 上,零件分布在其中一面上,导线则分布在另一面上,因为导线只出现在其中一面,所以我们就称这种 PCB 为单面板(single-sided boards)。单面板线路在设计方面有许多严格的限制(因为只有一面,布线间不能交叉,必须沿独自的路径绕行),所以只有早期的电路才使用这类印制电路板。

2. 双面板

双面板(double-sided boards)的两面都能布线。不过要用两面的导线,必须要采用适当的电路连接才行。这种电路间的"桥梁"叫作导孔或过孔(via),它可以与两面的导线相连接。双面板的可布线面积比单面板大了一倍,而且布线可以互相交错(能绕到另一面),它更适用于比单面板更复杂的电路。

3. 多层板

为了增加可以布线的面积,多层板(multi-layer boards)采用更多的单面或双面的布线结构。一些多层板使用数片双面板,并在每层板间放一层绝缘层后黏牢压合。板子的层数代表独立的布线层的数目。通常层数都是偶数,并且包含最外侧的两层。大部分的电脑主机板都是 4~8 层的结构,现在技术上已经可以做出近 100 层的 PCB。大型的超级计算机大多使用超多层的主机板,不过由于这类计算机已经可以用许多普通计算机的集群代替,因此超多层板已经渐渐不被使用了。PCB 中的各层结合紧密,一般不太容易看出层的实际数目。

导孔(via)如果应用在双面板上,那么一定都是要打穿整个板子的。但在多层板当中,如果你只想连接其中一些线路,那么导孔可能会浪费其他一些层的线路空间。采用埋孔(buried vias)和盲孔(blind vias)技术可以避免这一问题,因为只穿透其中几层板子。埋孔只连接 PCB 的内部,所以光从表面是看不出来的。盲孔则是将几层内部 PCB 与表面 PCB 连接,不需穿透整个板子。

多层板 PCB 整层都直接连接上地线与电源。所以我们将各层分为信号层(signal)、电源层(power)、地线层(ground)。如果 PCB 上的零件需要不同的电源供电,那么通常这类 PCB 会有两层以上的电源层与地线层。

任务 2　认识 PCB 的组成

PCB 主要由焊盘、过孔、安装孔、导线、元器件、接插件、填充、电气边界等组成,各组成部分的主要功能如下。

> 焊盘:用于焊接元器件引脚的金属孔。
> 过孔:用于连接各层之间元器件引脚的金属孔。
> 安装孔:用于固定电路板。
> 导线:用于连接元器件引脚的电气网络铜膜。
> 接插件:用于连接电路板之间的元器件。
> 填充:用于地线网络的敷铜,可以有效地减小阻抗。

➢ 电气边界:用于确定电路板的尺寸,所有电路板上的元器件都不能超过该边界。

下面介绍一些和 PCB 的组成相关的概念。

一、层(layer)

由于电子线路的元件密集安装,且有防干扰和布线等特殊要求,一些电子产品所用的印制板不仅有上下两面供走线,板的中间还设有能被特殊加工的夹层铜箔,例如:现在的计算机主板所用的印板材料多在 4 层以上。上下位置的表面层与中间各层需要连通的地方用导孔(via)来连接。与 Photoshop 或其他许多软件中为实现图、文、色彩等的嵌套与合成而引入的"层"的概念有所不同,PCB 设计软件中的"层"不是虚拟的,而是印制板材料本身实实在在存在的各铜箔层。

二、导孔(via)

为连通各层之间的线路,在各层需要连通的导线的交会处钻一个公共孔,这就是导孔。从工艺上讲,导孔的孔壁圆柱面上用化学沉积的方法镀上一层金属,用于连通中间各层需要连通的铜箔,而导孔的上下两面做成普通的焊盘形状,可直接与上下两面的线路相连通,也可不连通。一般而言,设计线路时对导孔的处理遵循以下原则:尽量少用导孔,一旦选用了导孔,务必处理好它与周边各实体的间隙,特别是容易被忽视的中间各层与导孔不相连的线与导孔的间隙。需要的载流量越大,所需的导孔尺寸越大,如电源层和地层与其他层连接所用的导孔就要大一些。

三、丝印层(silkscreen layers)

为方便电路的安装和维修等,在印制板的上下两个表面印制上所需的标志图案和文字代号等,例如元件标号和标称值、元件外廓形状和厂家标志、生产日期等。不少初学者设计丝印层的有关内容时,只注意将文字符号放置得整齐美观,忽略了实际制出的PCB 效果,即设计出的印制板上,字符不是被元件挡住就是侵占了助焊区域,还有的把元件标号打在相邻元件上,如此种种的设计都将会给装配和维修带来很大不便。正确的丝印层字符布置原则是:无歧义、见缝插针、美观大方。

四、焊盘(pad)

焊盘是表面贴装装配的基本构成单元,用以构成电路板的焊盘图案,即各种为特殊元件类型设计的焊盘组合。当一个焊盘结构设计不正确时,会导致焊接不良。焊盘的英文单词有两个:land 和 pad,经常可以交替使用。但是,在功能上,land 是二维的表面特征,用于可表面贴装的元件;而 pad 是三维特征,用于插入式元件。作为一般规律,land不包括电镀通孔(plated through-hole,PTH)。

五、网格状填充区(external plane)和填充区(fill)

正如两者的名字那样,网络状填充区是把大面积的铜箔处理成网状,填充区则完整保留铜箔。初学者在设计过程中在计算机上往往看不到两者的区别,实际上只要把图面放大后就一目了然了。正是由于平常不容易看出两者的区别,因此使用时更要注意对两者的区分。这里要强调的是,网格状填充区在电路特性上有较强的抑制高频干扰的作用,适用于需进行大面积填充的地方,特别适用于把某些区域当作屏蔽区、分割区或大电流的电源线的场合;填充区多用于一般的线端部或转折区等需进行小面积填充的地方。

六、导线(conductor pattern)

导线也称铜膜走线,用于连接各个焊点,是印制电路板最重要的部分,印制电路板设计都是围绕如何布置导线来进行的。

七、膜(mask)

各类膜不仅是 PCB 制作工艺过程中必不可少的,而且是元件焊装的必要条件。按膜所处的位置及其作用,其可分为元件面(或焊接面)助焊膜(如 OSP)和元件面(或焊接面)阻焊膜(如绿油)两类。顾名思义,助焊膜是涂于焊盘上,用于提高可焊性能的一层膜,也就是绿色板子上比焊盘略大的各浅色圆斑。阻焊膜的情况正好相反,为了使制成的板子适应波峰焊等焊接形式,要求板子上非焊盘处的铜箔不能粘锡,因此在焊盘以外的各部位都要涂覆一层涂料,用于阻止这些部位上锡。可见,这两种膜是一种互补关系。

任务3　了解 PCB 板的设计流程

一、了解各种不同的 PCB 工艺流程

PCB 的制造工艺有多种。我们拆下电脑键盘的按键就能看到一张软性薄膜(挠性的绝缘基材),上面印有银白色(银浆)的导电图形与键位图形。这种图形是用丝网漏印方法得到的,所以称这种印制电路板为挠性银浆印制电路板。而我们平时接触到的各种电脑主机板、显卡、网卡、调制解调器、声卡及家用电器上的印制电路板就不同了。它们所用的基材是由纸基(常用于单面)或玻璃布基(常用于双面及多层)预浸酚醛或环氧树脂,表层一面或两面粘上铜箔再层压固化而成的。这种覆盖了铜箔的板材称为刚性板。刚性板再制成印制电路板,就称为刚性印制电路板。其中仅单面有印制电路图形的,称为单面印制电路板;双面均有印制电路图形,且通过导孔的金属化进行双面互连形成的印制电路板,称为双面印制电路板。用一块双面板作内层、两块单面板作外层或两块双面板作内层、两块单面板作外层的印制电路板,通过定位系统及绝缘黏结材料交替在一起,且导电图形按设计要求进行互连的印制电路板就称为四层、六层印制电路板,也称为多层印制电路板。目前已有超过100层的实用印制电路板。

PCB 的生产过程较为复杂,涉及的工艺范围较广,从简单的机械加工到复杂的机械加工,既包括普通的化学反应,也包括光化学、电化学、热化学等工艺,此外还涉及计算机辅助设计(CAD)等多方面的知识。PCB 生产过程中涉及的工艺问题很多,并会时常遇

到新的问题,甚至部分问题还没有查清原因就消失了。由于其生产过程是一种非连续的流水线形式,任何一个环节出问题都会造成全线停产或大量报废的后果(印制电路板如果报废是无法回收再利用的),因此 PCB 的生产过程必须慎之又慎。

为进一步认识 PCB,我们有必要了解一下普通单面、双面印制电路板及普通多层板的工艺流程,以加深对它的了解。

(1)单面板工艺流程:下料磨边→钻孔→外层图形绘制→全板镀金→蚀刻→检验→丝印阻焊→热风整平→丝印字符→外形加工→测试→检验。

(2)双面喷锡板工艺流程:下料磨边→钻孔→沉铜加厚→外层图形绘制→镀锡、蚀刻退锡→二次钻孔→检验→丝印阻焊→镀金插头→热风整平→丝印字符→外形加工→测试→检验。

(3)双面镀镍金板工艺流程:下料磨边→钻孔→沉铜加厚→外层图形绘制→镀金、去膜蚀刻→二次钻孔→检验→丝印阻焊→丝印字符→外形加工→测试→检验。

(4)多层喷锡板工艺流程:下料磨边→钻定位孔→内层图形绘制→内层蚀刻→检验→黑化→层压→钻孔→沉铜加厚→外层图形绘制→镀锡、蚀刻退锡→二次钻孔→检验→丝印阻焊→镀金插头→热风整平→丝印字符→外形加工→测试→检验。

(5)多层镀镍金板工艺流程:下料磨边→钻定位孔→内层图形绘制→内层蚀刻→检验→黑化→层压→钻孔→沉铜加厚→外层图形绘制→镀金、去膜蚀刻→二次钻孔→检验→丝印阻焊→丝印字符→外形加工→测试→检验。

(6)多层沉镍金板工艺流程:下料磨边→钻定位孔→内层图形绘制→内层蚀刻→检验→黑化→层压→钻孔→沉铜加厚→外层图形绘制→镀锡、蚀刻退锡→二次钻孔→检验→丝印阻焊→化学沉镍金→丝印字符→外形加工→测试→检验。

二、了解 PCB 设计流程

1. 系统规格确定

首先要确定该电子设备的各项系统规格,包含系统功能、成本限制、大小、运作情况等。

2. 系统功能方块图制作

接下来必须制作出系统的功能方块图,方块间的关系也必须标示出来。

3. 模块化布局

将整块 PCB 系统分割成数个功能模块,即模块化布局。这样不仅可以缩小 PCB 尺寸,还可以使系统具有升级与交换零件的功能。

4. 决定封装模式和各 PCB 的大小

当各 PCB 使用的技术和电路数量都已决定之后,就要决定板子的大小了。如果板子设计得过大,那么就要改变封装技术或是重新进行分割。在选择技术时,也要综合考虑线路图的品质。

5. 绘出所有 PCB 的电路概图

概图要表示出各个零件间的相互连接细节。所有系统中的 PCB 都必须描绘出来,现今大多采用 CAD 进行描绘。PCB 电路概图的绘制步骤如下:

（1）初步设计的仿真运作。为了确保设计出来的电路图可以正常运作，必须先用计算机软件仿真一次。这类软件可以读取设计图，并且可以用多种方式显示电路运作的情况。这比起实际做出一块样本 PCB，然后手动测量的效率要高得多。

（2）将零件放置到 PCB 上。零件放置的方式，是根据它们之间的相连情况来决定的。各零件必须以最有效率的方式与路径相连接。所谓有效率的布线，就是连线越短并且通过层数越少越好（这也同时减少了导孔的数目）。为了让各零件都能够拥有完美的配线，妥善安排零件放置的位置（布局）是很重要的。

（3）测试布线的可能性以及高速下零件能否正确运作。现今的部分计算机软件，可以检查各零件摆放的位置是否可以正确连接，或是检查在高速下是否可以正确运作，这一步骤称为零件安排。如果电路设计有问题，在实际导出线路前，还可以重新安排零件的位置。

（4）导出 PCB 上的线路。每一次设计都必须符合有关规定，比如线路间的最小保留空隙、最小线路宽度和其他类似的实际限制等。这些规定依照电路中电流的传播速度，传送信号的强弱，电路对耗电与噪声的敏感度，以及材质品质及制造设备等因素而有所不同。如果电流强度上升，导线也必须相应加粗。为了降低 PCB 的成本，在减少 PCB 层数的同时，还必须注意这些设计是否仍旧符合规定。如果需要采用超过 2 层的构造，那么通常会使用电源层及地线层，以避免信号层上的传送信号受到影响，并且可以将它们当作信号层的屏蔽罩。

（5）布线后的电路测试。为了确定线路在布线后能够正常运作，还必须做最后的检测。这项检测也可以检查出 PCB 是否有不正确的连接，然后给出提示。

（6）建立制作档案。目前有许多设计 PCB 的 CAD 工具，制造厂商必须有符合标准的档案，才能制造板子。标准规格有好几种，不过最常用的是光绘文件（gerber file）规格。一份光绘文件包括各信号层、电源层以及地线层的平面图，阻焊层与网板印刷面的平面图，以及钻孔等指定档案。

任务 4　了解 PCB 的计算机辅助设计

一、PCB 的计算机辅助设计

印制电路板的设计与制作，是电子行业技术人员和业余爱好者都应该掌握的一项基本能力。手工设计印制板的传统方法，只适用于一些比较简单的电路。曾经用手工设计印制板底图的人可能都有这样的体会：在一张稍微复杂的设计图纸接近完工的时候，常常会觉得剩余的部分电路难以连通，或者会发现已经画好的电路局部不够合理，只好重新另画一张图纸。所以用手工设计图纸的时候，总要小心谨慎、瞻前顾后。

计算机的普及和计算机辅助设计（CAD）软件的发展，为印制电路板的设计与生产开辟了新的途径。操作键盘移动光标，在计算机屏幕上绘图，与在纸上用笔绘图或用胶条贴图比较，优点之一就是便于修改保存。使用计算机绘图软件，可以随心所欲地按照自己的初步设想直接布局、连线，有了初稿以后，再统观全局，酌情修改。只需要按几个键即可删除一条线段或一个焊盘，远比用橡皮擦除图纸上的笔迹快捷干净。这样，可以方便地将电路原理图转换成印制电路的布线图，并可通过绘图机直接绘制制板使用的板图胶片。根据需要，还可以通过计算机编制数控钻床的打孔程序。

二、计算机辅助设计 PCB 的步骤

由于不同软件的功能不同，用计算机软件设计印制板图的操作方法及方便程度也有很大差异，但一般软件的操作步骤大体如下：

（1）向计算机输入电路原理图，由计算机根据原理图生成电路的连接逻辑网络。

（2）在计算机上确定元件的物理封装，即确定每个元件在印制板上占用的体积大小和引线焊盘的位置、大小、孔径（孔径应比引线的实际直径大约 0.2 mm）。

（3）为电路原理图中每个元件的逻辑符号指定它的物理封装。

（4）根据整机的结构和元件的数量，确定印制板的尺寸和形状，同时规定导线之间及线与焊盘之间的最小距离。

（5）把已经生成的电路连接逻辑网络加载到印制板设计图上，使元件的封装与它们的逻辑网络一起出现在 PCB 编辑器中，如果上述步骤都正确无误，那么这时每个元件的引脚应该带有网络标号。

（6）根据板面的布局设计摆放每一个元件，根据逻辑网络的提示调整元件的位置和方向，使网络提示代表的连接导线最短。

（7）大多数 CAD 软件都具有自动布线的功能，可根据连接逻辑网络进行不交叉排线。如果是单面板，那么在焊接面根据逻辑网络的提示连接印制导线；如果是双面板，那么在焊接面和元件面同时布线，两面的导线用导孔连接。自动布线的布通率一般都在95％以上，但不经过人工干预实现线路完全布通的设计成功的案例不多，因此计算机自动布线的结果只能作为参考。这是因为每一个具体产品都有自身的特性，作为设计者和软件的使用者，很难把设计的约束条件和边界条件完全准确地告诉计算机。

（8）布线后，审查走线的合理性，并在屏幕上对不理想的布线进行修改（包括改变印制导线的方向、路径、宽度等）。大多数 CAD 辅助设计软件都具有自动查错的功能：根据印制板布局生成印制导线的连接逻辑网络，然后和原理图上已经生成的连接逻辑网络进行比较，根据设计者规定的导线最小间距、导线与焊盘的最小间距，对布线的合理性进行判断，生成查错报告。

任务 5　Altium Designer 15 简介

Altium Designer 是一种电子设计自动化（EDA）软件，主要用于电路设计、电路仿真和 PCB 设计。同时它还提供了超高速集成电路硬件描述语言（very high speed integrated circuit hardware description language，VHDL）设计工具，可完成现场可编程

门阵列(field programmable gate array,FPGA)设计。

一、Altium Designer 的发展历史

Altium(奥腾,前身为 Protel 国际有限公司)由尼克·马丁(Nick Martin)于 1985 年始创于澳大利亚塔斯马尼亚州的霍巴特,其致力于开发基于 PC 的软件,为印制电路板提供辅助设计。最初 DOS 环境下的 PCB 设计工具在澳大利亚受到了电子业界的广泛欢迎。1986 年中期,Altium 通过经销商将设计软件包出口到美国和欧洲。随着 PCB 设计软件包的成功,Altium 公司开始扩大其产品范围,包括原理图输入、PCB 自动布线和自动 PCB 器件布局软件。

Altium Designer 是目前电子设计自动化(EDA)行业中使用最方便、操作最快捷、人性化界面最好的辅助工具,是在中国得到广泛使用的 EDA 工具。电子专业的大学生在大学基本上都学过 Protel 99 SE,所以学习资源很广,公司招聘的 Protel 设计新人也可快速进入角色。

Altium Designer 基于一个软件集成平台,把为电子产品开发提供完整环境所需的工具全部整合在一个应用软件中。Altium Designer 包含所有设计任务所需的工具:原理图和 HDL 设计输入、电路仿真、信号完整性分析、PCB 设计、基于 FPGA 的嵌入式系统设计和开发。另外,可对 Altium Designer 工作环境加以定制,以满足用户的各种不同需求。

Altium 产品发展历史:

1985 年,DOS 版 Protel 首次推出。

1991 年,第一个基于 Windows 平台的 Protel 发布。

1997 年,Protel 98 这个 32 位产品成为第一个包含 5 个核心模块的 EDA 工具。

1999 年,Protel 99 构建了从电路设计到真实电路板分析的完整体系。

2000 年,Protel 99 SE 性能进一步提升,用户对设计过程有更大控制力。

2002 年,Protel DXP 集成了更多工具,使用更方便,功能更强大。

2004 年,Protel 2004 进一步完善了 Protel DXP,即 Protel DXP 2004 SP2。

2006 年,Altium Designer 6.0 成功推出,集成了更多工具,使用更方便,功能更强大,特别是在 PCB 设计方面性能大大提升。

2008 年,Altium Designer Summer 08 将 ECAD 和 MCAD 两种文件格式结合在一起,Altium 在其最新版的一体化设计解决方案中为电子工程师提供了全面验证机械设计(如外壳与电子组件)与电气特性关系的功能,并支持 OrCAD 和 PowerPCB。

2009 年,Altium Designer Winter 09 推出,引入了新的设计技术和理念,以帮助电子产品设计创新。

2012 年,Altium Designer Winter 12 推出,针对内容交付平台的架构,从根本上改变新特性和强化功能的交付方式。

2013 年,Altium Designer Winter 13 推出,集成了 SOPC 设计实现功能和嵌入式设计功能,并且在其核心 PCB 工具中做了改进;用户在 Altium Designer 13 中可以自定义接口类型、指示器位置和字体效果,让设计过程更加具有条理性,从而提高电路设计的

效率。

2014 年,Altium Designer Winter 14 推出,其改善了多种设计功能(如敷铜功能),在后期设计阶段中大幅减少了布局修改所需的时间。

目前 Altium Designer 已推出 2024 版本。

二、Altium Designer 15 的新功能及特点

Altium Designer 15 着重关注 PCB 核心设计技术,提供以客户为中心的全新平台,进一步夯实了 Altium 在原生 3D PCB 设计系统领域的领先地位。Altium Designer 现已支持软性和软硬复合设计,将原理图捕获,3D PCB 布线、分析及可编程设计等功能集成到单一的一体化解决方案中。

1. 增强 PCB 协同设计功能

Altium Designer 10 已开始增加 PCB 协同设计功能,Altium Designer 15 继续增强此协同设计功能,可使 PCB 设计效率大大提升。

2. 独特的 3D 高级电路板设计工具

(1)软性和软硬复合 PCB 的设计支持,Altium Designer 15 能够实现软性和软硬复合板设计,包括先进的层堆栈管理技术。

(2)支持嵌入式 PCB 元件,标准元件在制造过程中可安置于电路板内层,从而实现微型化设计更为便捷的规则与约束设定。

(3)简化高速设计规则,可实现差分对宽度设置的自动和制导调整,从而维持对阻抗的稳定性。

(4)增强的过孔阵列技术强化了 PCB 编辑器的导孔阵列功能,能够将导孔阵列布局约束在用户定义区域。

3. 新的向导提升了通用 E-CAD 和 M-CAD 格式的互用性

(1)由于有些设计并未使用 Altium Designer,出于兼容性的考虑,Altium 推出 CadSoft Eagle 导入工具,从而方便客户使用其他格式的设计文件。

(2)直接使用集成电路(IC)引脚的 IBIS(输入/输出缓冲区信息规范文件)模型,便于运用 Altium Designer 进行信号完整性分析。

4. IPC-2581 和 Gerber X2 格式支持

传统的 Gerber 作为 CAM 格式,来源于约 35 年前发布的 RS-274D 标准版。使用旧版 Gerber(如 Gerber RX-274X)进入制作流程时会遇到数据模糊或丢失等问题。Altium Designer 15 现支持 IPC-2581 和 Gerber X2 格式,这两个格式标准可完整地再现 PCB 的原本设计。

5. xSignal 面板轻松满足高速布线多种需求

(1)xSignal 能够轻松解决高速布线拓扑问题,如点到点的等长工作,还能轻松处理更复杂的 CPU 到存储器之间的各分支等长工作。

(2)Altium Designer 15 支持用户直接在 PCB 设计中进行软硬板混合结构层叠设置。

(3)Altium Designer 15 支持对 PCB 的射频信号进行自动屏蔽缝合过孔。

任务 6　安装 Altium Designer 15

安装 Altium Designer 15 的步骤如下：

（1）打开安装包运行安装程序，系统会弹出【Welcome to Altium Designer Installer】对话框，如图 1-2 所示，单击【Next】按钮进入下一个步骤。

图 1-2　进入安装界面

（2）在随后出现的【License Agreement】对话框中，用户可以选择安装语言（软件支持四种语言：英语、德语、简体中文、日语），然后勾选【I accept the agreement】，如图 1-3 所示。单击【Next】按钮进入下一个步骤。

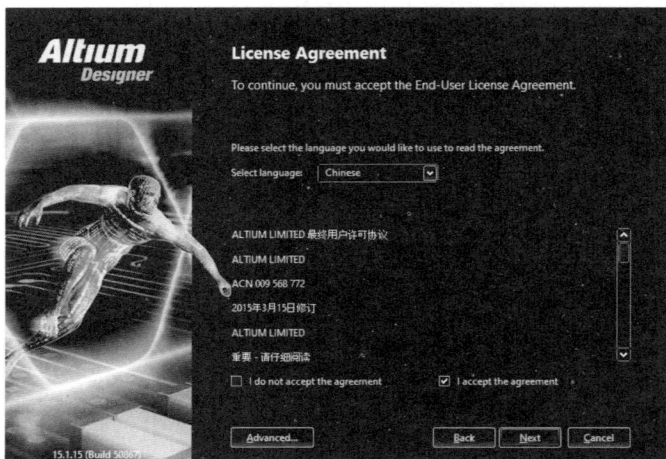

图 1-3　【License Agreement】对话框

（3）在如图 1-4 所示的对话框中，选择我们需要安装的模块，单击【Next】按钮进入下一个步骤。

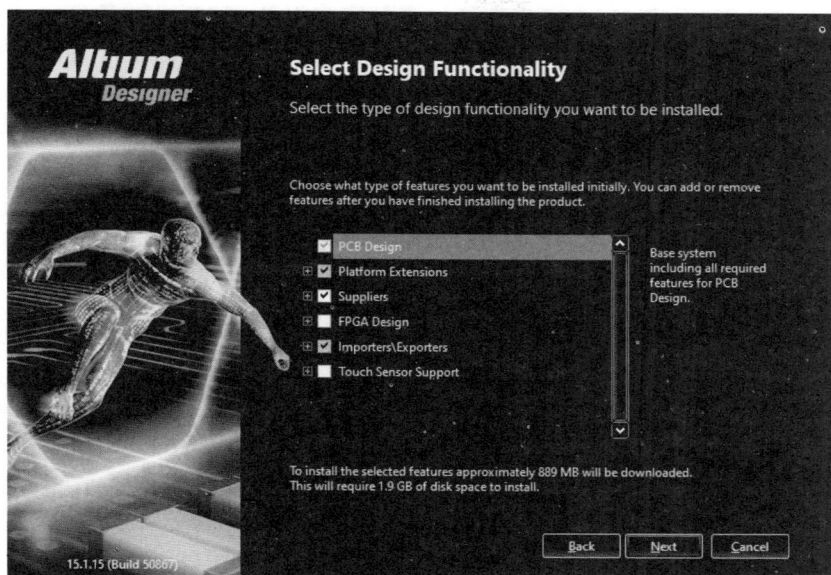

图 1-4　选择安装功能模块

（4）在如图 1-5 所示的对话框中，设置软件的安装和共享文件的路径，单击【Next】按钮进入下一个步骤。

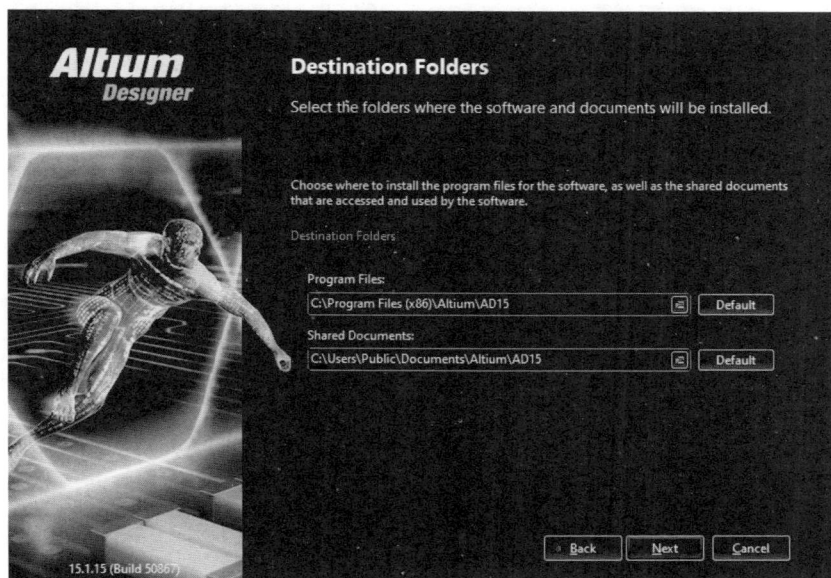

图 1-5　设置安装路径

（5）安装进度如图 1-6 所示，接下来只需等待安装完成。

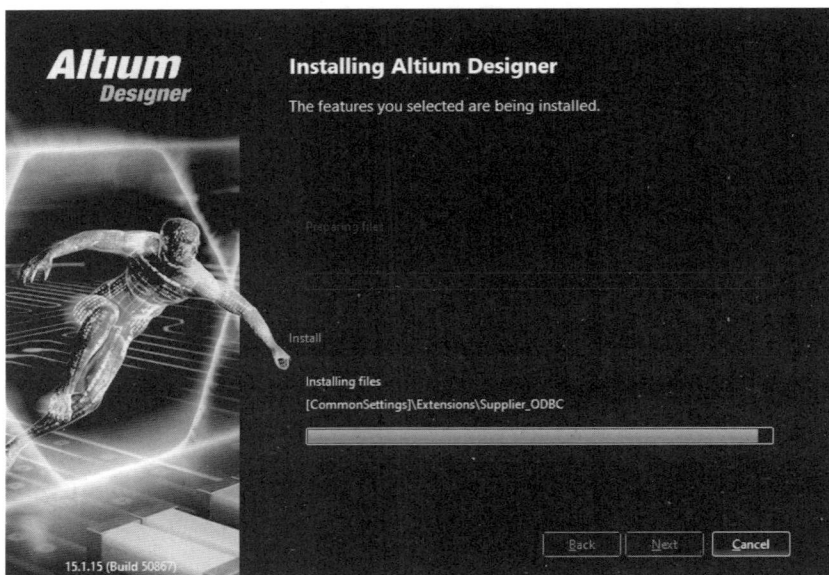

图 1-6　安装软件

（6）图 1-7 为软件安装完成的对话框。单击【Finish】按钮完成安装。

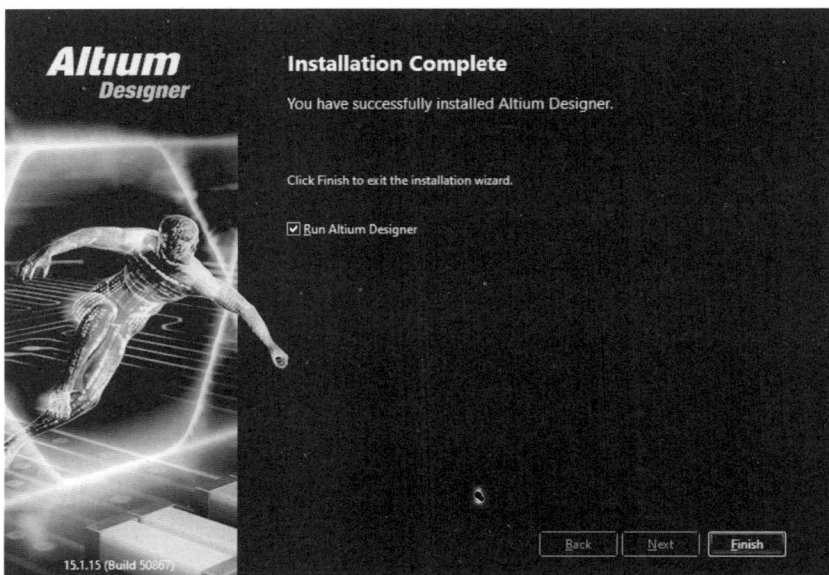

图 1-7　安装完成

（7）执行菜单命令【DXP】→【My Account】，如图 1-8 所示，进入【License】管理界面，如图 1-9 所示。

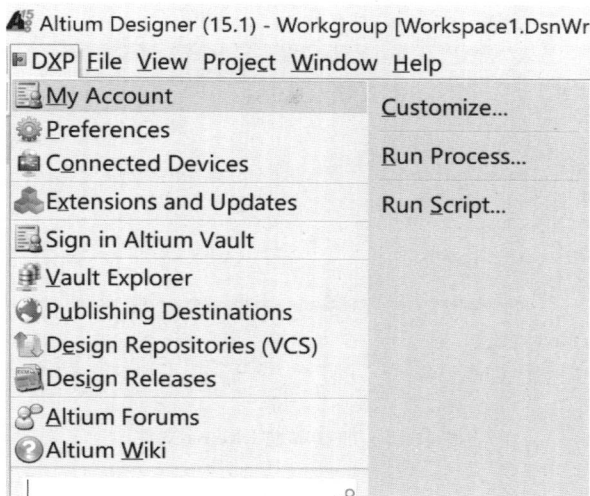

图 1-8　执行【My Account】菜单命令

（8）在【License】管理界面点击【Add standalone license file】，在【打开】对话框加载本地 License 文件，完成软件注册，如图 1-10 所示。

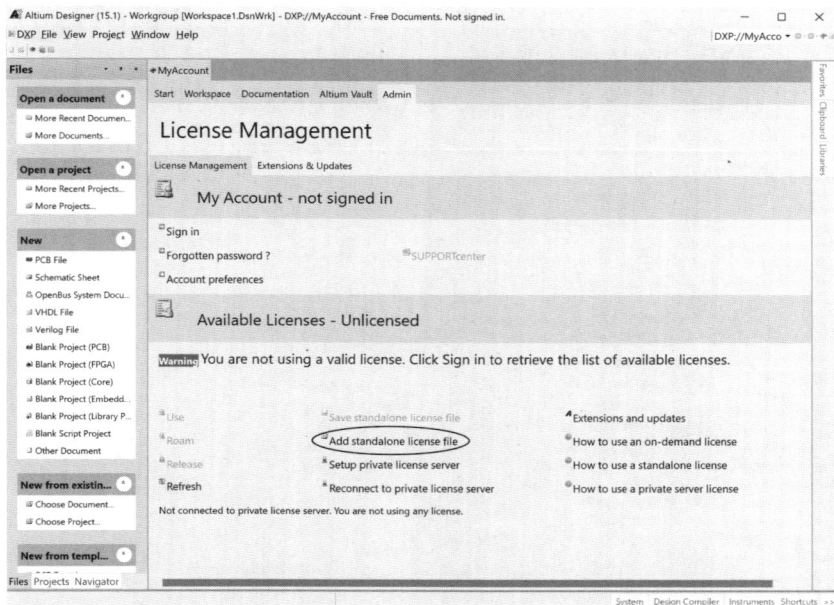

图 1-9　【License】管理界面

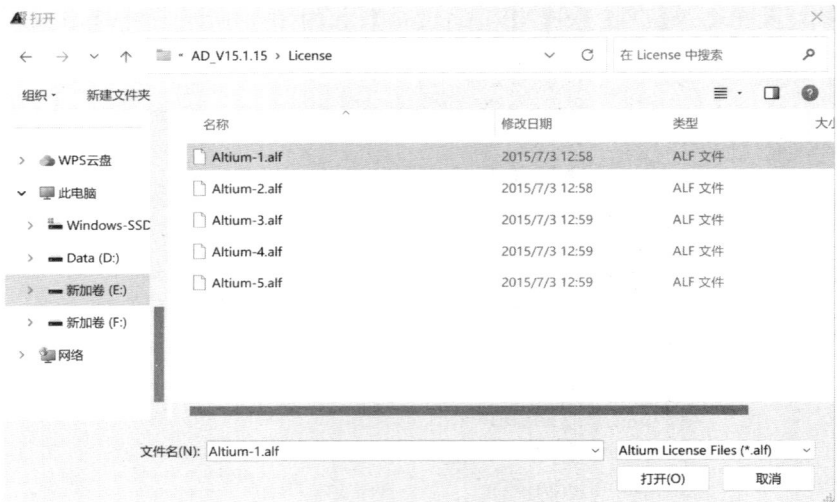

图 1-10　加载本地 License 文件

任务 7　卸载 Altium Designer 15

　　卸载 Altium Designer 15 的方法和卸载大多数 Windows 应用程序的方法相同,通过 Windows 控制面板即可实现。以 Windows 11 系统为例,操作步骤如下:

　　(1) 打开控制面板,如图 1-11 所示。单击窗口中的卸载程序。

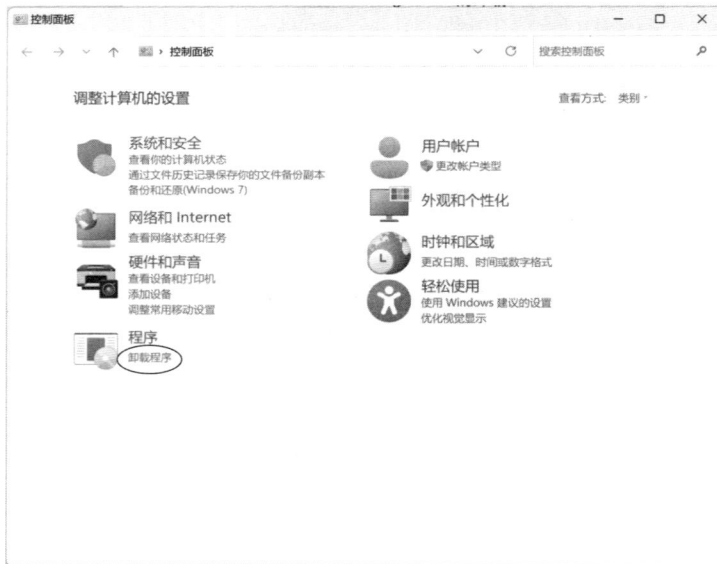

图 1-11　控制面板

（2）在弹出的【程序和功能】窗口中点击【Altium Designer 15】，选中【卸载】，如图 1-12 所示。按照提示操作，即可卸载程序。

图 1-12 【程序和功能】对话框

任务 8 Altium Designer 15 的工程管理

为了能更好地使用各种开发工具，Altium Designer 15 为用户提供了一个非常友好的集成开发环境，所有的设计功能都在这个环境中实现，用户的所有设计文件都在这里创建，且用户可以在各个文档之间轻松切换。Altium Designer 15 会自动显示与当前文档相对应的编辑环境，面板上的标签、菜单、工具栏也会发生相应的变化，便于用户进行设计。

一、Altium Designer 15 中、英文设计环境切换

安装好 Altium Designer 15 后，在 Windows 的开始菜单中添加快速启动图标，单击它即可启动 Altium Designer 15。

启动 Altium Designer 15 后，进入设计管理器，如图 1-13 所示。此时 Altium Designer 15 处于英文设计环境，图中的菜单都是英文的，可将其转换为中文设计环境，步骤如下：

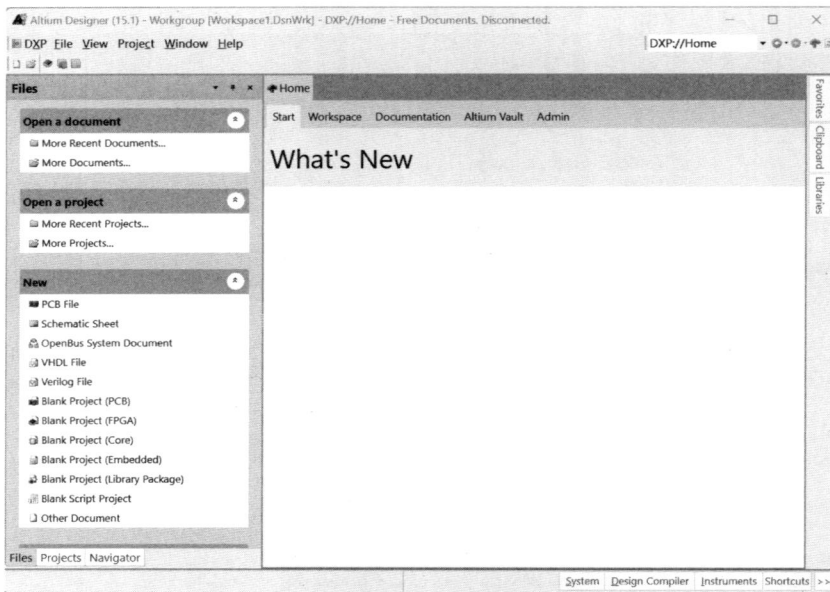

图 1-13　英文环境的设计管理器

（1）点击管理器左上角的【DXP】菜单，在弹出的菜单中选择【Preferences】选项，如图 1-14 所示。此时会弹出一个【Preferences】对话框。

图 1-14　执行【Preferences】菜单命令

（2）点击对话框下方的【Localization】选项区，选中【Use localized resources】复选项。此时将弹出一个【Warning】窗口，如图 1-15 所示。点击【OK】按钮，回到【Preferences】对话框，再点击下方的【OK】按钮关闭对话框。

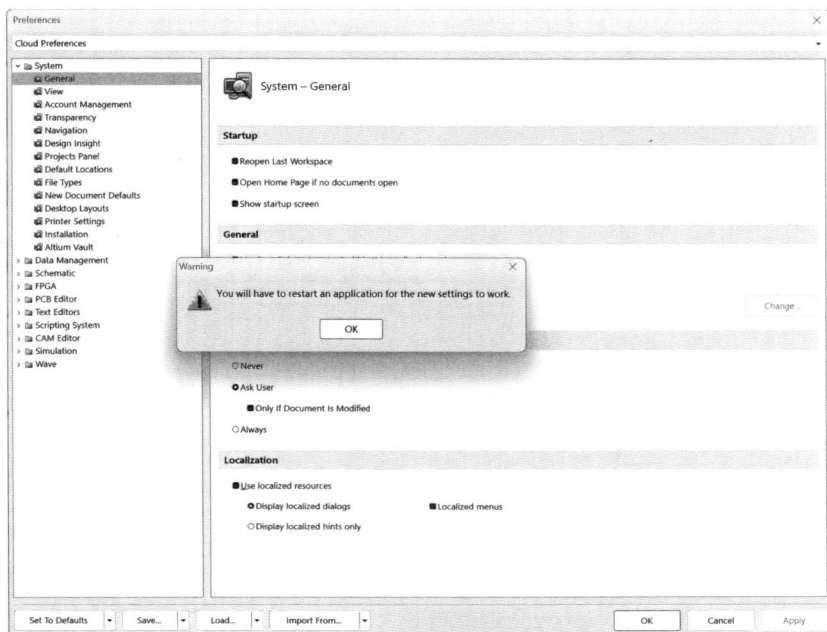

图 1-15　【Preferences】对话框

（3）重启 Altium Designer 15，就进入了中文设计环境，如图 1-16 所示。

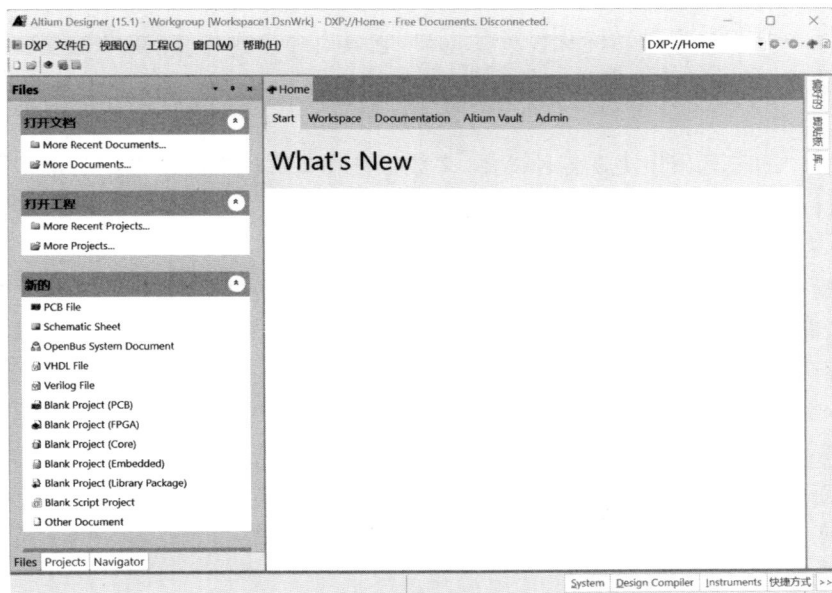

图 1-16　中文设计环境

若想恢复到英文设计环境,只需重复上面的操作,将【Use localized resources】复选项的选中状态去掉,再重新启动 Altium Designer 15 即可。

二、中文设计管理器的组成

如图 1-17 所示,Altium Designer 15 的设计管理器由下面几个部分所组成:

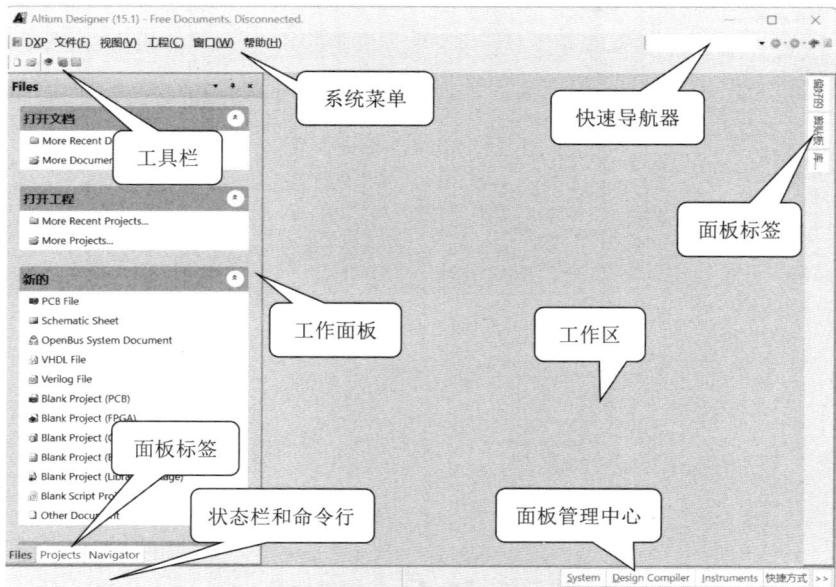

图 1-17　Altium Designer 15 设计管理器的组成

1. 系统菜单

系统菜单是用户启动和优化设计的入口,它具有命令操作、参数设置等功能。当设计环境变化时,系统菜单也做相应的变化。

2. 工具栏

工具栏中的工具用于实现各种操作,多数工具和菜单栏中的命令作用是相同的。在不同的设计环境中,工具栏中的工具会有所不同。

3. 快速导航器

每次操作,系统均会以浏览器的方式记录快捷路径;反过来,如果在某些区域中键入快速提示,那么系统会显示相应的操作。用户可以将常用的快捷方式加入收藏夹,以便于快速执行某一操作。

4. 工作面板

Altium Designer 15 中有大量的工作面板,常用的有文件(File)面板、项目(Project)面板、导航器(Navigator)面板、元件库(Libraries)面板等,利用这些面板可以提高操作速度。在不同的编辑环境中,面板也会有所不同。

5. 面板标签

用于打开或隐藏相应的工作面板。

6. 面板管理中心

用于开启或关闭各种工作面板。当用户不小心搞乱了工作面板时,通过执行菜单命令【视图】→【桌面布局】→【Default】,即可恢复初始界面。

7. 状态栏和命令行

用于显示当前的工作状态和正在执行的命令。执行菜单命令【视图】→【状态栏】,可以打开或关闭状态栏;执行菜单命令【视图】→【显示命令行】,可以打开或关闭命令行。

8. 工作区

Altium Designer 15 的所有设计工作都在工作区中进行。

二、工作面板的三种显示方式

工作面板有三种显示方式,分别是:隐藏显示方式、锁定显示方式和浮动显示方式。

1. 隐藏显示方式

图 1-18(a)所示为面板的隐藏显示方式。在这种显示方式下,面板不显示在工作区中,而是隐藏起来。用鼠标左键单击相应的面板标签,就可显示该面板;将鼠标移到该面板外面单击鼠标左键,面板又隐藏起来。采用这种显示方式可以提供较大的工作空间。面板处于隐藏显示方式时,用鼠标单击面板右上角的切换工具,可以将面板由隐藏显示方式切换为锁定显示方式;用鼠标左键按住面板上方的蓝色名称栏不放,将面板拖到工作区的其他地方,可以将面板由隐藏显示方式切换为浮动显示方式。

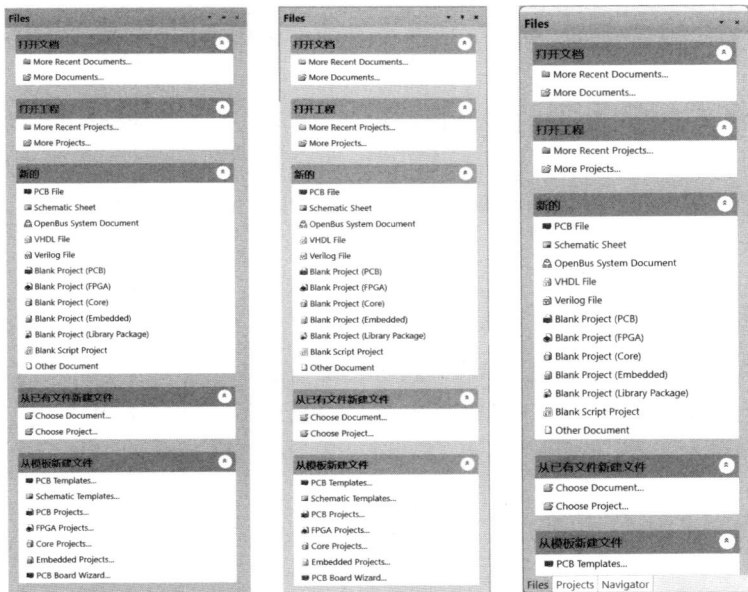

(a) 隐藏显示方式   (b) 锁定显示方式   (c) 浮动显示方式

图 1-18 面板的三种显示方式

2. 锁定显示方式

图 1-18(b)为面板的锁定显示方式。在这种显示方式下,面板被锁定在工作区的某一边上,且总是处于显示状态。用鼠标左键点击面板右上角的切换工具,可以将面板由锁定显示方式切换为隐藏显示方式;用鼠标左键按住面板上方的蓝色名称栏不放,将面板拖到工作区的其他地方,可以将面板由锁定显示方式切换为浮动显示方式。

3. 浮动显示方式

图 1-18(c)为面板的浮动显示方式。在这种显示方式下,面板可以放在工作区的任何地方,且总处于显示状态。用鼠标左键按住面板上方的蓝色名称栏不放,将面板拖到工作区的边上,可以将面板由浮动显示方式切换为锁定显示方式或隐藏显示方式。

三、Altium Designer 15 的文件管理

Altium Designer 15 采用软件工程中的项目管理方式组织和管理文件。在这种管理方式下,设计文件可以分开存放在不同的地方。

1. 项目及工程文件

在 Altium Designer 15 系统中,任何一项设计都被看作一个项目。在这个项目中,建立了与该设计有关的各种文件的连接关系,并保存了与该设计有关的各种设置,而各个文件的实际内容并没有真正包含到该项目中。

在进行某项设计时,首先要建立一个项目文件"＊.Prj＊＊",其中"＊"为项目文件名,"＊＊"由所建工程项目的类型决定,例如:"MyDesign.PrjPCB"表示文件名为 MyDesign 的 PCB 项目文件。然后在该项目文件下新建设计文件或导入已存在的设计文件。

当然,也可以不建立项目文件,而直接建立一个单独的、不属于任何项目的自由文件,但采用这种方法不能完成一项完整的设计。

Altium Designer 15 提供了多种类型的项目,如 PCB 项目、FPGA 项目、核心项目、集成元件库项目、嵌入式软件项目和脚本项目等。本书只介绍 PCB 项目。

1) PCB 项目文件的创建

创建 PCB 项目文件的方法为:

➢ 执行菜单命令【文件】→【New】→【Project...】,打开【New Project】对话框,选择项目类别、模版,设置项目名称和保存路径,如图 1-19 所示,点击【OK】按钮,即可建立一个项目文件。

➢ 打开【项目】面板,在面板内的空白处右击鼠标,选择弹出菜单中的【添加新的工程...】→【PCB 工程】,可新建一个默认名为 PCB_Project1.PrjPCB 的 PCB 项目文件。

新建一个新项目后,打开项目面板,在项目面板中显示该项目名称,同时在该项目下显示【No Documents Added】,表示当前该项目中还没有加入任何设计文件。

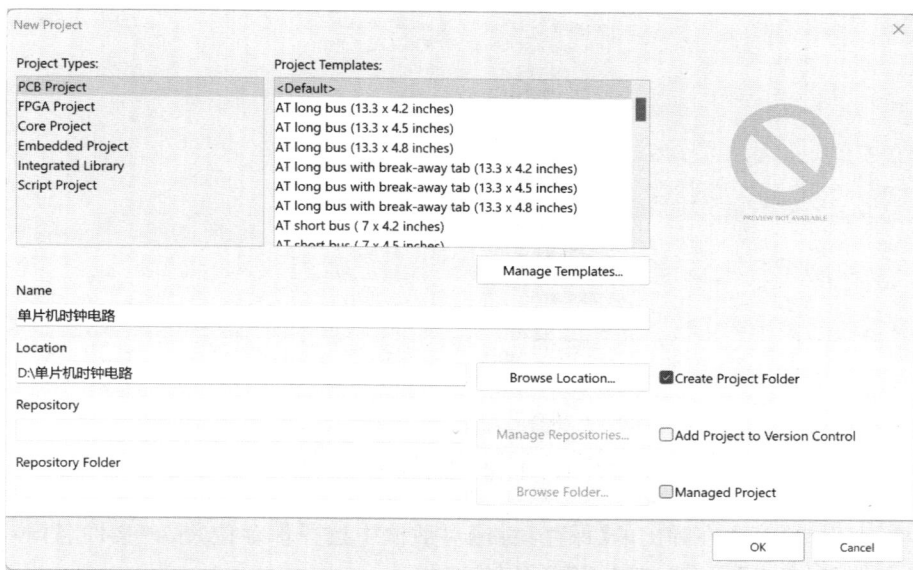

图 1-19　【New Project】对话框

2）PCB 项目文件的保存

用第二种方法新建一个项目后，执行下面任何一种操作，将弹出保存项目对话框，如图 1-20 所示。

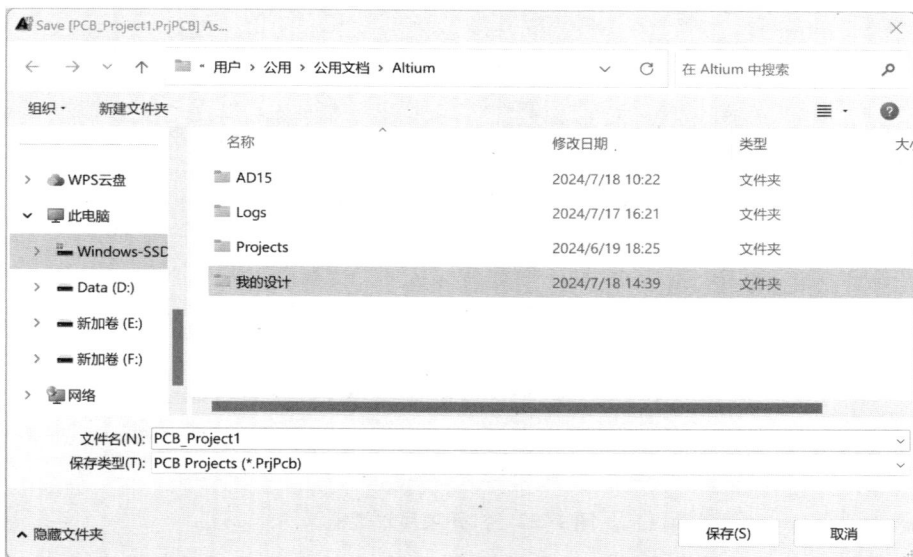

图 1-20　保存项目对话框

➤ 执行菜单命令：【文件】→【保存工程】。

➤ 将鼠标光标移到要保存的项目上，点击鼠标右键，选中右键菜单的【保存工程】，如图 1-21 所示。

图 1-21　利用下拉菜单保存项目

执行上面操作后，在弹出的【保存项目】对话框中选择保存位置，在文件名窗口中输入项目文件名，点击【保存】按钮，即可保存该项目。

3）打开 PCB 项目

下面几种方法都可以打开项目。

➤ 在 Windows 资源管理器中直接用鼠标左键双击该项目文件。

➤ 执行菜单命令【文件】→【打开工程（J）...】，将弹出打开项目对话框，如图1-22 所示。

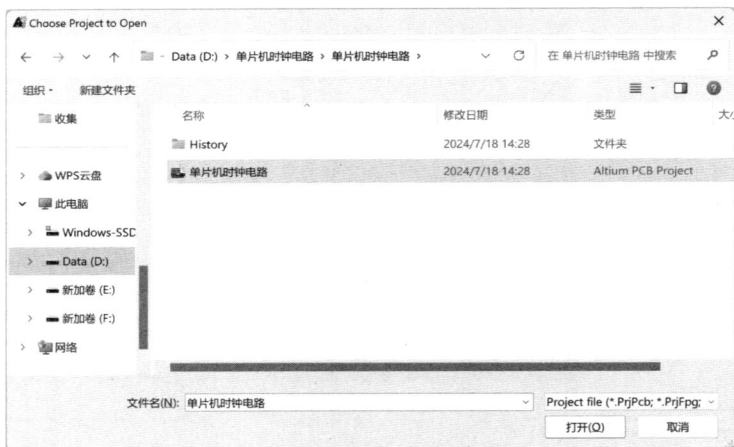

图 1-22　打开项目对话框

在该对话框中选择要打开的项目，然后点击【打开（O）】按钮，即可打开项目文件。

4）关闭项目文件

用下面方法都可以关闭项目文件。

➤ 打开项目面板，将鼠标光标移到要关闭的项目上，点击鼠标右键，选中下拉菜单中的【Close Project】，如图 1-23 所示。

图 1-23　通过右键点击项目关闭项目文件

➤ 在项目面板中选择要关闭的项目,然后点击项目面板右上角的【工程】按钮,选中下拉菜单中的【Close Project】,也可关闭项目文件。

2. PCB 项目的常用设计文件

PCB 项目的常用设计文件有原理图文件(∗. SchDoc)、原理图库文件(∗. SchLib)、PCB 文件(∗. PcbDoc)、PCB 库文件(∗. PcbLib),括号中的"∗"表示文件名。

1) 在 PCB 项目中新建设计文件

采用下面方法都可在当前项目中创建新设计文件。

➤ 执行菜单命令:【文件】→【New】……,选择要创建的文件类型。

➤ 打开【文件】面板,在该面板的【新的】栏中选择要创建的文件类型。

➤ 在项目面板的项目名称上点击鼠标右键,选中下拉菜单中的【给工程添加新的(N)】下面的设计文件类型,如图 1-24 所示。

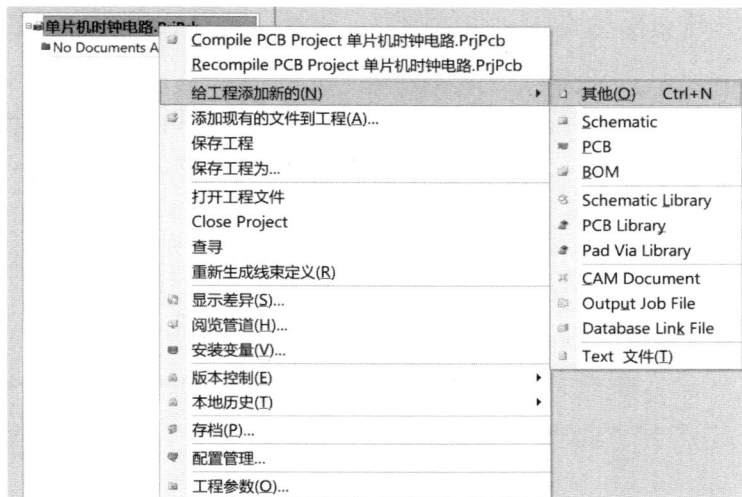

图 1-24　通过右键点击项目创建设计文件

➢ 用鼠标点击项目面板右上角的【工程】按钮，在弹出的下拉菜单中，选择【给工程添加新的(N)】下面的设计文件类型，如图 1-25 所示。

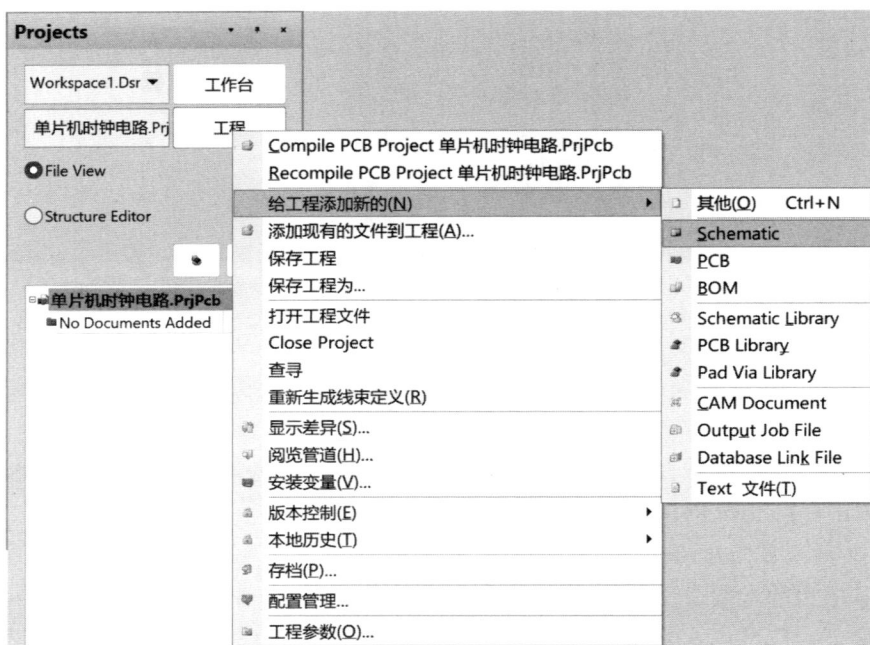

图 1-25　通过【工程】按钮创建设计文件

2）把已有的设计文件加入项目中

通过下面三种方法，可打开追加已有文件对话框，如图 1-26 所示。

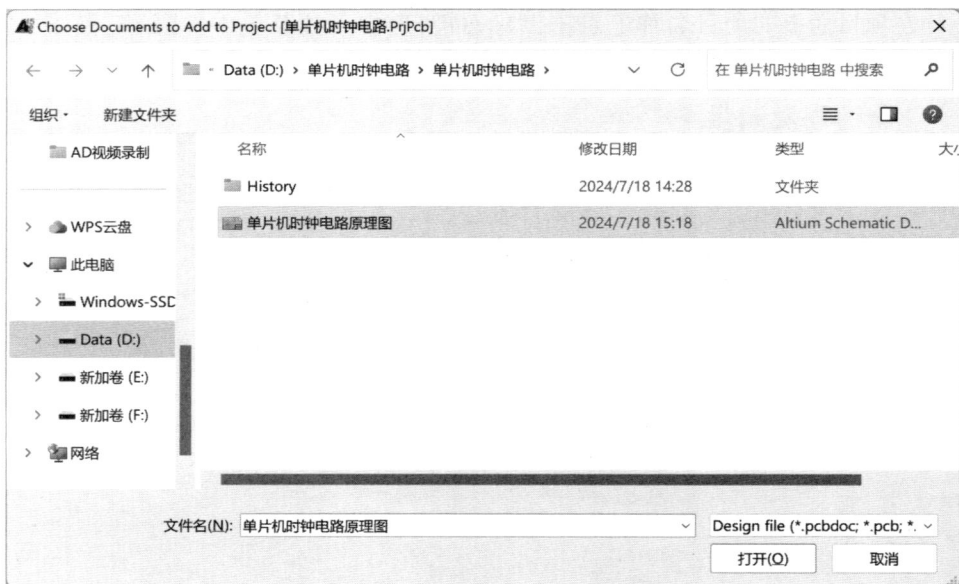

图 1-26　追加已有文件对话框

➢ 在项目面板的项目名称上,点击鼠标右键,选中下拉菜单中的【添加现有的文件到工程(A)…】,如图 1-27 所示。

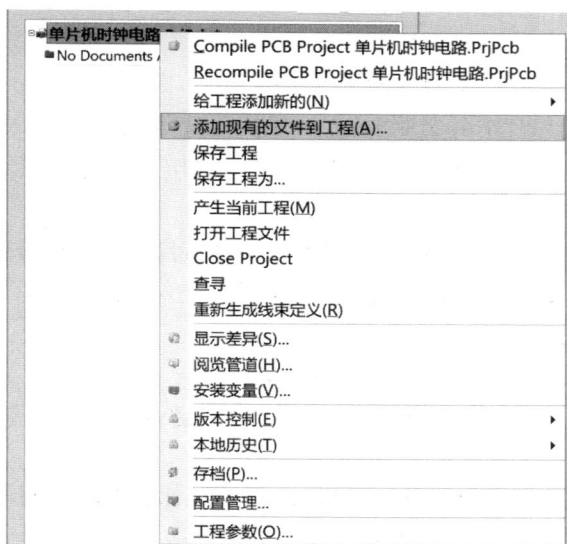

图 1-27 通过右键点击项目追加已有的设计文件

➢ 用鼠标点击项目面板右上角的【工程】按钮,选中下拉菜单中的【添加现有的文件到工程(A)…】,如图 1-28 所示。

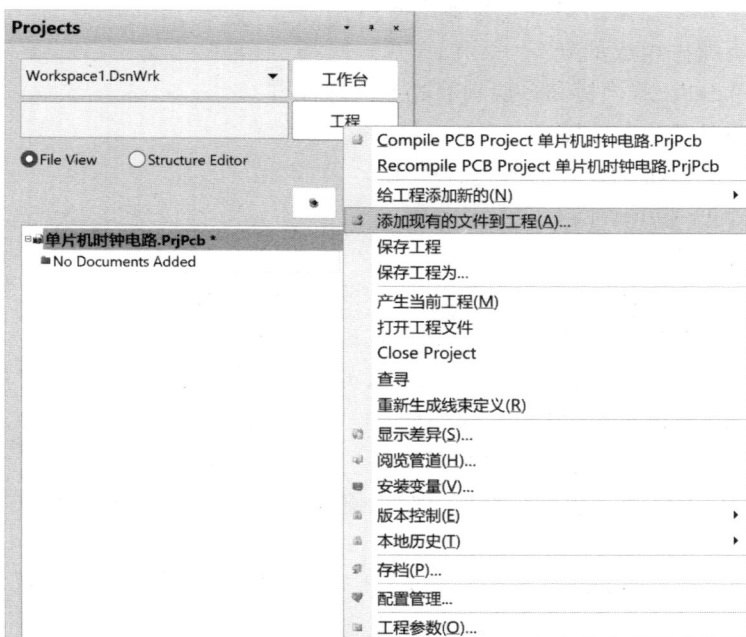

图 1-28 点击【工程】按钮追加已有的设计文件

在图 1-26 所示的追加已有文件对话框中双击要追加的设计文件,或者选择设计文件后,点击对话框中的【打开(O)】按钮,即可将已存在的设计文件加到当前项目中。

3) 保存设计文件

➢ 点击标准工具栏上的■工具。

➢ 执行菜单命令:【文件】→【保存】。

➢ 在项目面板的设计文件名称上,点击鼠标右键,选中下拉菜单中的【保存】。

➢ 在项目面板中选中要保存的设计文件,然后用鼠标点击项目面板右上角的【工程】按钮,选中下拉菜单中的【保存】。

第一次保存设计文件时,会弹出一个【保存文件】对话框,用户设置好保存位置和文件名后点击【保存】按钮,即可保存设计文件。如果前面已保存过了,那么不会出现此对话框。

4) 删除项目中的设计文件

用下面方法可以将设计文件从项目中删除。

在项目面板的设计文件名称上,点击鼠标右键,选中下拉菜单中的【从工程中移除...】。

在项目面板中选中要删除的设计文件,然后用鼠标点击项目面板右上角的【工程】按钮,选中下拉菜单中的【从工程中移除...】。

执行上面操作后,将弹出一个【确认删除】对话框,点击【Yes】按钮,则该设计文件将从项目中删除。

思考与练习

1. 什么是 PCB? 按结构可分为哪几种?

2. PCB 有哪些组成部分?

3. 普通单面板、双面板和多层板有哪些制作流程?

4. PCB 设计流程包含哪几步?

5. PCB 计算机辅助设计一般包含哪几步?

6. Altium Designer 15 有哪些特点?

7. 如何安装和卸载 Altium Designer 15?

8. Altium Designer 15 的设计管理器由哪几个部分组成?

9. 工作面板有哪几种显示方式? 如何实现显示方式之间的转换?

10. 如何实现 Altium Designer 15 的中、英文编辑环境的转换?

11. 在 Altium Designer 15 中,采用什么方式管理设计文件? 这种方式有什么优点?

12. 如何新建、保存、删除 PCB 项目文件?

13. 如何在一个 PCB 项目中新建、保存、删除设计文件? 如何将已有的设计文件追加到 PCB 项目中?

14. 在 Altium Designer 15 中,PCB 项目文件、原理图文件、原理图库文件、PCB 文件和 PCB 库文件的扩展名各是什么? 它们的图标各是什么样子?

15. 建立一个文件夹,新建一个 PCB 项目文件,并保存在该文件夹中;在该项目下分别新建原理图文件、原理图库文件、PCB 文件和 PCB 库文件各一个,并保存在该文件夹中。

项目二 | 电路原理图设计

项目描述

本项目通过 10 个任务,结合微课视频详细介绍了原理图设计的常用操作、设计方法、元件报表的生成等。

项目目标

(1)掌握图纸和栅格属性的设置。
(2)掌握元件的查找方法、元件库的加载与卸载操作。
(3)熟练掌握绘制原理图的常用操作。
(4)能正确绘制原理图。
(5)能生成原理图元件报表和项目原理图元件库。

微课视频

微课 1　图纸参数设置和元件库加载
微课 2　原理图元件的常用操作
微课 3　电路原理图的电气连接
微课 4　常用绘图操作
微课 5　原理图设计实例

项目二　微课视频

任务 1　了解电路原理图设计流程

在 Altium Designer 15 中,电路原理图的设计一般包括如图 2-1 所示的 6 个步骤。

创建文件 → 设置图纸参数 → 载入元件库 → 放置元件 → 布局和布线 → 文档整理

图 2-1　原理图的设计流程

1．创建文件

首先创建一个 PCB 项目文件，然后在该项目下创建一个原理图文件。

2．设置图纸参数

设置图纸的大小、图纸的可视栅格和电气栅格、图纸的边框和参考边框、系统字体、标题栏等。

3．载入元件库

将电路图上所使用的元件所在的元件库载入原理图编辑器中。一些特殊元件 Altium Designer 15 的集成元件库中可能没有，这时候可以建立一个原理图元件库，自己动手制作这些元件，并把它加载到原理图编辑器中来使用。

4．放置元件

将需用到的元件从元件库中取出，放在图纸上并设置好元件的属性。

5．布局和布线

调整好元件的位置和方向，让整个电路的布局整齐有序、可读性强。然后使用导线、网络标号和端口等电气连接工具，对有接线关系的元器件管脚进行电气连接。对原理图进行编译和排错。

6．文档整理

生成相关报表，如元器件列表等；保存文件，以便日后维护；打印原理图。

任务 2   熟悉 Altium Designer 15 原理图编辑器

按上一章介绍的方法创建一个 PCB 项目，在该项目下新建一个原理图文件后，系统自动打开原理图，进入原理图编辑器，如图 2-2 所示。

原理图编辑器由菜单栏、工具栏、工作面板、工作区、状态栏和命令状态行、面板管理中心等几个部分组成。

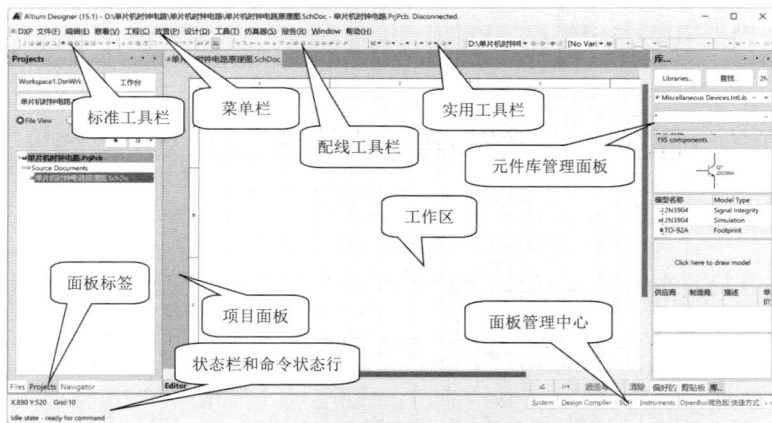

图 2-2   原理图编辑器

1. 菜单栏

在原理图编辑器中，菜单栏有文件、编辑、察看、设计、工具等菜单，通过菜单栏中各菜单的命令，可以对原理图实现各种操作。

2. 工具栏

Altium Designer 15 具有丰富的工具栏，这些工具栏为原理图设计操作提供了很大的方便。通过菜单命令【察看】→【Toolbars】，可打开或关闭相关工具栏。

1）标准工具栏

标准工具栏提供了文件操作、画面操作和复制、剪切、粘贴等工具。

2）配线工具栏

配线工具栏主要用于实现原理图的电气连接，例如放置导线、总线、总线分支线、网络标号、电源和接地符号、元件、方块电路、方块电路端口、原理图端口和禁止 ERC 符号等。这个工具栏上的工具都具有电气属性，它们的使用将在后面介绍。

3）实用工具栏

实用工具栏主要用于绘制一些非电气图件、实现图件排齐和调准、放置电源、放置常用元器件、放置仿真信号源和进行栅格操作等。

3. 工作面板

在原理图编辑器中，常用的工作面板有：文件面板、项目面板、导航器面板和元件库管理面板等，这些面板使设计工作更为直观。

4. 工作区

工作区是进行原理图设计的地方，所有的设计工作都在这里进行。

5. 状态栏和命令状态行

用于显示当前鼠标光标在图纸上的坐标和操作栅格的大小以及正在执行的命令，其中图纸坐标的原点在图纸的左下角。执行菜单命令【察看】→【状态栏】，可以打开或关闭状态栏；执行菜单命令【察看】→【命令状态】，可以打开或关闭命令行。

6. 面板管理中心

用于开启或关闭各种工作面板。当用户不小心搞乱了工作面板时，通过执行菜单命令【察看】→【桌面布局】→【Default】，即可恢复初始界面。

任务3　设置图纸参数

绘图前往往要根据电路图上所用元件的数量和电路图的复杂程度设置图纸的参数，图纸参数的设置在【文档选项】对话框中进行。

执行菜单命令【设计】→【文档选项...】，可打开【文档选项】对话框，如图 2-3 所示。该对话框各选项的设置如下：

图 2-3 【文档选项】对话框

1. 设置图纸大小

1) 选择标准图纸

在该对话框的右上角的【标准风格】选项区有一个下拉窗口,点击该窗口右边的下拉按钮,在弹出的下拉菜单中可以选择标准图纸。这些标准图纸共有 18 种,分别是:

➤ 公制:A0、A1、A2、A3 和 A4。

➤ 英制:A、B、C、D 和 E。

➤ OrCAD 图纸:OrCADA、OrCADB、OrCADC、OrCADD 和 OrCADE。

➤ 其他:Letter、Legal 和 Tabloid。

2) 自定义图纸

选中对话框中的【使用自定义风格】复选项,则停用标准图纸,转而使用用户自定义的图纸。此时【自定义风格】选项区可用,用户可自行设置图纸的尺寸。选项区中各个窗口尺寸值的单位为 mil,这是一个英制单位,它与公制单位 mm 有下面的换算关系:

1 in(英寸)=1 000 mil=25.4 mm;1 mm≈39 mil。

点击该选项区的按钮,可以将选中的标准图纸的尺寸更新为自定义图纸的初始尺寸。

2. 设定图纸方向

点击对话框中【定位】窗口右边的下拉按钮,可以选择图纸的放置方向,有下面两种:

➤ Landscape:水平横向放置.

➤ Portrait:垂直纵向放置。

3. 设置图纸标题栏

选中对话框中的【标题块】复选项,将使用系统附带的标题栏,有下面两种可选:

➤ ANSI:美国国家标准协会模式;

➤ Standard:标准模式。

如果不想使用这两种标题栏,那么可去掉【标题块】复选项的选中状态。

4. 设置图纸边框

图纸边框是指图纸最外面的边框线,选中对话框中的【显示边界】复选项,将显示图纸边框,否则不显示。

5. 设置图纸边框线和工作区的颜色

点击对话框中【板的颜色】右边的颜色窗口,弹出【选择颜色】对话框,如图2-4所示。在【选择颜色】对话框中选择合适的颜色后点击【确定】按钮,即可更改边框线的颜色。

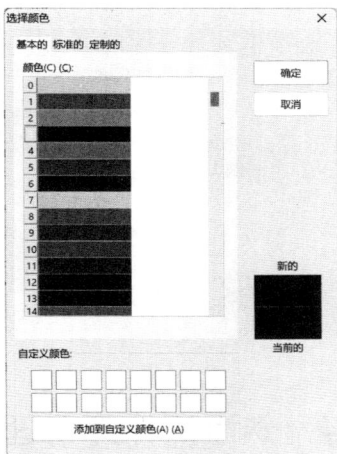

图2-4 【选择颜色】对话框

点击【方块电路颜色】右边的颜色窗口,可设置图纸工作区的颜色,过程和上面设置边框颜色一样。

6. 设置图纸栅格

图纸栅格在放置图件和连线时非常有用,在【栅格】选项区有【捕捉】和【可见的】两个复选项。选中【可见的】复选项,则在图纸上会显示出栅格,在该复选项右边的窗口,可以设置格子的大小,默认为10 mil。选中【捕捉】复选项,则在绘图时,当系统处于命令状态时,鼠标光标将按固定步长跳动,步长值在该复选项右边的窗口设置,默认为10 mil。一般来说,捕获值和栅格值都设置为10 mil是比较合适的。

7. 设置电栅格

和可视栅格不同,电栅格是看不到但在绘图时可以感觉到的。选中【使能】复选项,则启用电栅格。电栅格启用后,在图纸上放置电气图件(例如导线、端口和网络标号)时,鼠标光标会自动搜寻周围的电气节点,当在它的搜寻范围内出现电气节点时,鼠标光标会自动跳到该节点上。搜寻范围在【栅格范围】窗口设置,单位为mil。

8. 设置系统字体

点击图2-3所示的【更改系统字体】按钮,将弹出【字体】对话框,如图2-5所示。通过该对话框,可以更改系统的字体、字形和字的大小。在原理图设计过程中,有时会发现图纸上元件的管脚名称和管脚编号的字形和字号发生了变化,这时可通过它重新设置字体。

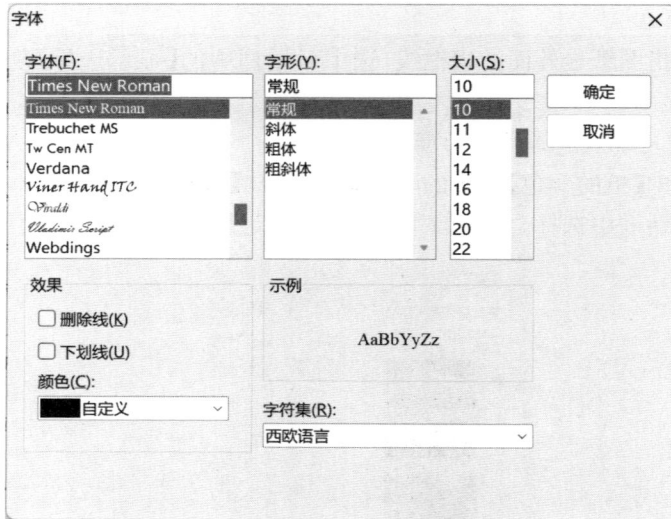

图 2-5 【字体】对话框

任务 4　熟悉元件库管理面板

Altium Designer 15 通过元件库管理面板来实现对元件和元件库的操作,元件库管理面板一般位于绘图区的右边,如图 2-6 所示。

1. 可用元件库列表窗

该窗口列出了已加载到原理图编辑器中可以直接使用的元件库,点击窗口右边的按钮,下拉菜单中将列出所有可用元件库。

2. 元件查询屏蔽窗

在此窗口输入某个元件的元件名,或元件名的部分字符,则下面的元件列表窗中只显示包含这些字符的元件,其他不符合条件的元件都被屏蔽,不会在元件列表窗中显示出来。利用这个窗口,可以提高查找元件的效率。

3. 元件列表窗

这个窗口列出了符合元件查询屏蔽窗查询条件的所有元件,当元件查询屏蔽窗的内容为空或为"＊"时,则显示选中元件库的全部元件。

4. 原理图元件预览窗

该窗口用于显示元件列表窗中被选中的原理图元件模型。

5. 模型列表窗

该窗口列出了元件列表窗中被选中的元件在集成库中的所有元件模型,例如:Footprint(管脚封装)、Signal Integrity(信号完整性分析模型)、Simulation(仿真模型)、3D 等。

6. PCB 元件预览窗

该窗口用于显示被选中元件的 PCB 模型。第一次打开元件库管理面板时可能没有显示，这时可用鼠标在该窗口点击一下，PCB 模型就可以显示出来。

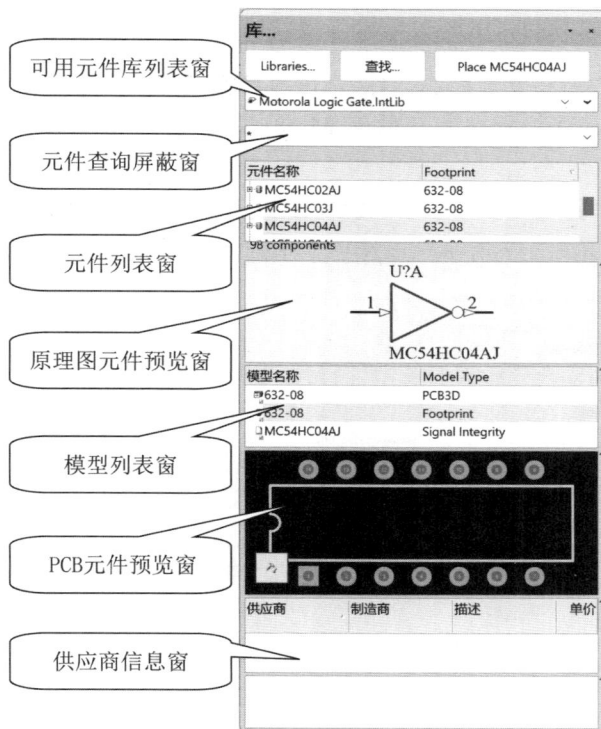

可用元件库列表窗

元件查询屏蔽窗

元件列表窗

原理图元件预览窗

模型列表窗

PCB元件预览窗

供应商信息窗

图 2-6　元件库管理面板

任务5　加载/卸载元件库

绘制原理图，必须将电路图上用到的元件所在的元件库加载到原理图编辑器中，使其成为可用元件库，然后才能将这些元件取出放在图纸上。将元件库载入原理图编辑器的操作称为加载元件库；而将不用的元件库从原理图编辑器中清除的操作称为卸载元件库。

安装 Altium Designer 15 后，系统自动装入了两个集成库——Miscellaneous Devices. IntLib（常用元件集成库）和 Miscellaneous Connectors. IntLib（常用插接件集成库），很多常用元件都可以从这两个库中找到。

在 Altium Designer 15 中，常用元件的分类关键字为：电阻类为 Res，可调电阻类为 RPot，电容类为 Cap，二极管类为 Diode，发光二极管类为 LED，三极管类为 NPN 和

PNP,光电二极管和光电三极管类为 Photo,可控硅类为 PUT,变压器类为 Trans,电感类为 Inductor,保险丝类为 Fuse,开关类为 SW,电池类为 Battery,整流桥类为 Bridge,晶振类为 XTAL。

一、直接加载元件库

若用户已知元件所在元件库的名称,则可直接将其加载到原理图编辑器中。下面以加载元件 MC74HC04AN 所在的元件库 Motorola Logic Gate. IntLib 为例,介绍这一过程。

(1)点击元件库管理面板左上角的【Libraries...】按钮,打开【可用库】对话框,点击【Installed】选项卡,如图 2-7 所示。该选项卡中列出了当前的可用库文件。

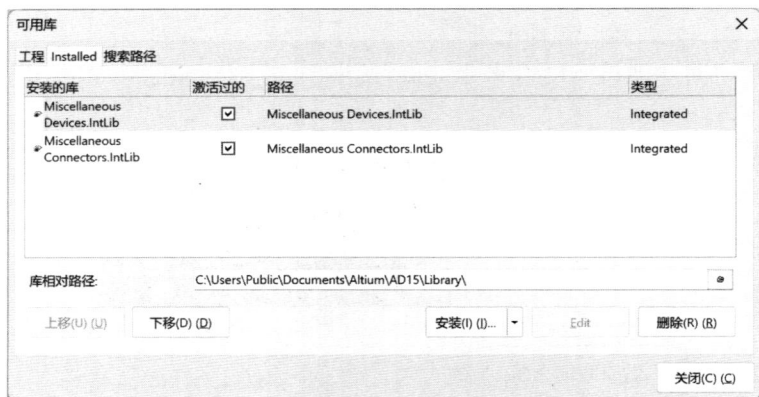

图 2-7　【可用库】对话框

(2)点击对话框下方的【安装(I)(I)...】按钮,选择"Install from file..."弹出打开库文件对话框,如图 2-8 所示。

图 2-8　打开库文件对话框

（3）打开该库文件所在的文件夹"Motorola"，选中库文件 Motorola Logic Gate.
IntLib，如图 2-9 所示，点击该对话框右下角的【打开(O)】按钮，或者直接双击要加载的
元件库，即可将库文件添加为可用元件库。若用 Shift 配合，可同时选中多个元件库。加
载后的【可用库】对话框如图 2-10 所示。

图 2-9　加载 Motorola Logic Gate. IntLib

图 2-10　加载 Motorola Logic Gate. IntLib 后的【可用库】对话框

（4）点击对话框右下角的【关闭(C)(C)】按钮，关闭对话框，这时元件 MC74HC04AN
所在的元件库 Motorola Logic Gate. IntLib 就加载到原理图编辑器中了。

二、查找并加载元件库

若用户只知道元件名，而不知道该元件位于什么库中，可使用系统提供的查找功能，
查找元件所在的元件库并加载该库。下面以查找并加载数码显示译码器 SN74LS48N
所在元件库为例介绍这一过程。

（1）点击元件库管理面板上的【查找...】按钮，打开【搜索库】对话框，如图 2-11 所示。

（2）在【范围】选项区选中【路径】单选项。

（3）在【过滤器】选项区的【域】窗口选择"Name"，【运算符】窗口有"equals"（相等）、"contains"（包含）、"starts with"（开始字符）、"ends with"（结束字符）4 个选项，这里选择"equals"，在【值】窗口输入元件名称"SN74LS48N"，如图 2-11 所示。

（4）点击左下角【查找...(S)(S)】按钮，返回原理图编辑器，同时在元件库管理面板显示查找过程。查找结果如图 2-12 所示。

图 2-11　设置【搜索库】对话框

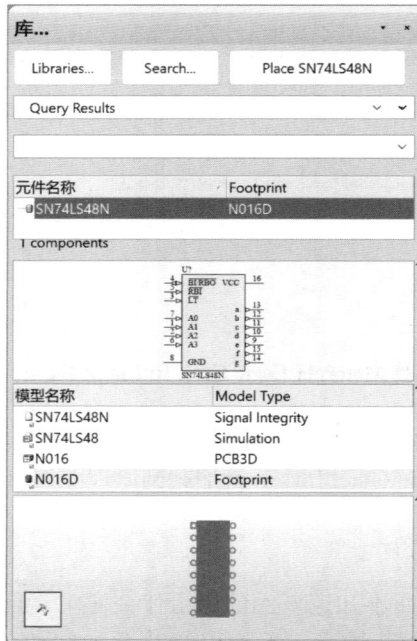

图 2-12　完成查找后的元件库管理面板

三、卸载元件库

将元件库加载到原理图编辑器会占用部分内存,对于原理图中未用到的元件库,应及时将其卸载。卸载元件库的方法如下。

（1）点击元件库管理面板上的【Libraries...】按钮,打开【可用库】对话框,选中要删除的元件库,如图 2-13 所示。

（2）点击右下角【删除(R)(R)】按钮,即可删除选中的元件库。

图 2-13 删除选中的元件库

任务 6 编辑和放置元件

用户将所需用到的集成元件库装入原理图设计系统后,就可以将元件从库中取出并把它放置在图纸上。接下来将介绍放置元件的各种方法。下面以放置元件 MC74HC04AN 到图纸上为例,介绍利用元件库管理面板放置元件的方法,元件标识符为 U1,使用第 2 个子元件。

（1）打开元件库管理面板,点击可用元件库列表窗右边的按钮,选中元件 MC74HC04AN 所在元件库"Motorola Logic Gate. IntLib"。

（2）在元件查询屏蔽窗输入元件名,如图 2-14 所示。此时,元件库管理面板的元件列表窗上显示元件 MC74HC04AN,在原理图元件预览窗显示元件的原理图模型,在 PCB 元件预览窗中显示其 PCB 元件模型。

（3）点击元件库管理面板右上角的【Place MC74HC04AN】按钮,将鼠标移入绘图区,此时元件 MC74HC04AN 随光标移动。

（4）按下键盘上的 Tab 键,打开元件属性对话框,在【Designator】窗口输入"U1",点击后翻按键,选择第 2 个子元件,如图 2-15 所示。

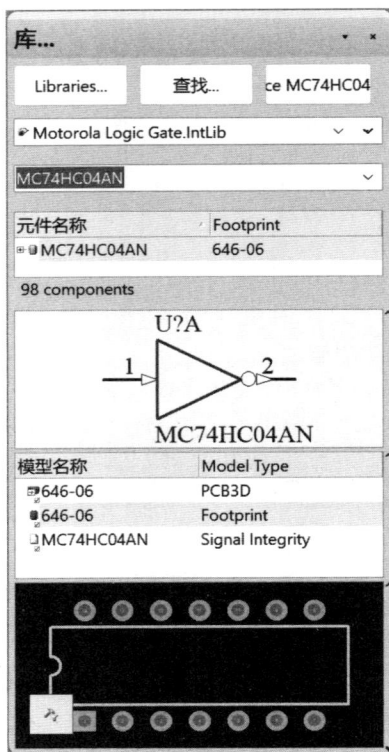

图 2-14　从元件库管理面板找到元件

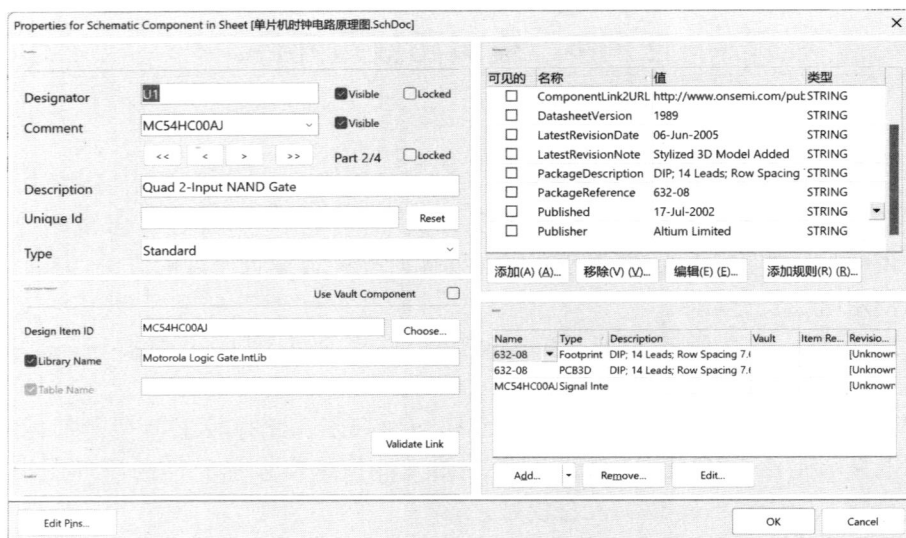

图 2-15　设置元件属性

（5）点击【OK】按钮，返回原理图编辑器，将元件移到合适的地方点击鼠标左键，就可以放下一个元件。

放下元件后，元件的虚影并未消除，系统仍处于放置该元件的状态，可继续放置该元件。点击鼠标右键或按下键盘上的 Esc 键，可取消放置该元件的命令状态。

需要修改已放置在图纸上的元件的属性时，只需将光标放在元件上双击，即可打开元件属性对话框进行修改。

任务 7　熟悉原理图常用的布局操作

一、画面的缩放操作

绘制原理图时，应将绘图区画面的显示比例调整到合适的状态。若显示比例太大，虽然能将目标区域清晰显示出来，但难以观察到周围元器件的情况；若显示比例太小，又无法清晰显示目标区域。画面的缩放操作有下面几种方法：

1. 用 Ctrl 键＋鼠标滚轮实现画面的缩放

这是最常用的画面缩放操作方法，具体如下：

➢ 按住键盘上的 Ctrl 键，将鼠标的滚轮往上推，则光标所在点不动，画面放大。

➢ 按住键盘上的 Ctrl 键，将鼠标的滚轮往下拉，则光标所在点不动，画面缩小。

2. 用快捷键实现画面的缩放

➢ 按下键盘上的 PgUp 键，则光标所在点不动，画面放大。

➢ 按下键盘上的 PgDn 键，则光标所在点不动，画面缩小。

二、画面的移动操作

在进行原理图设计时，往往需要移动画面，以观察图纸上的不同部分，这时就要用到画面的移动操作了。画面的移动操作有下面几种方法：

1. 用游标手移动画面

这是最常用、最方便的移动画面的方法，具体操作方法是：将光标放在绘图区中，按住鼠标右键不放，此时光标变成了手的形状，称为游标手，拖动鼠标，图纸将随着游标手的拖动而移动。

2. 用 Shift 键配合鼠标滚轮实现画面的移动

➢ 将鼠标的滚轮往上推，画面下移。

➢ 将鼠标的滚轮往下拉，画面上移。

➢ 按住键盘上的 Shift 键，将鼠标的滚轮往上推，画面右移。

➢ 按住键盘上的 Shift 键，将鼠标的滚轮往下拉，画面左移。

➢ 按下键盘上的 Home 键，光标所在点被移到绘图区中间，同时刷新画面。

三、选择元件

1. 选择元件

在进行元件的粘贴、复制、剪切、移动等操作之前,必须先选中元件。元件的选择包括点选、框选和切换选择等操作方法。

用鼠标直接选择元件是最常用、最方便的选择操作,有下面几种情况:

1)点选单个元件

将鼠标移到元件上单击,这时元件周围出现一个绿色的虚线框,表示该元件已被选中。

2)框选多个元件

在要选择的元件区域的一个顶点上按住鼠标左键不放,拖动鼠标至虚线框,包围所有待选元件,如图 2-16 所示。松开鼠标左键,此时虚线框内的所有元件都处于选中状态,如图 2-17 所示。

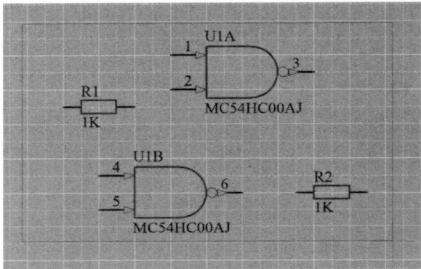

图 2-16　框选多个元件的操作　　　图 2-17　被选中的多个元件

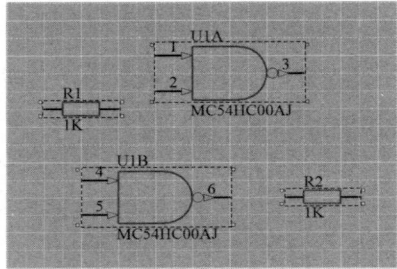

3)切换选择

按住键盘上的 Shift 键不放,将光标移到要选择的元件上,逐一点击鼠标左键可连续选中多个元件。这一操作具有切换选择功能,也就是如果元件原来处于选中状态,那么这一操作将撤销其选中状态。

2. 撤销元件选择

➤ 直接用鼠标在图纸上的空白处点击,可撤销图纸上所有元件的选中状态。

➤ 按住键盘上的 Shift 键,用鼠标光标逐一点击要撤销选中状态的元件。

四、平移元件

1. 移动单个元件

将光标放在要移动的元件上,按住鼠标左键不放,拖动鼠标,元件随光标一起移动,到合适位置松开鼠标左键即可。

2. 移动多个元件

首先选中要移动的元件,将光标放在这些元件的其中一个上,按住鼠标左键不放,拖动鼠标,这些元件随光标一起移动,到合适位置松开鼠标左键即可。

五、旋转/翻转元件

1. 元件的旋转操作

➤ 将光标移到要旋转的元件上,按住鼠标左键不放,则每按一次键盘上的空格键,元件将逆时针旋转 90°。

➤ 先选中要旋转的元件,每按一次键盘上的空格键,元件将逆时针旋转 90°。

2. 元件的翻转操作

元件的翻转是指将元件在水平方向或垂直方向进行对调操作。

➤ 将鼠标光标移到要翻转的元件上,按住鼠标左键不放,则每按一次键盘上的 X 键,元件将进行一次水平方向的翻转。

➤ 将鼠标光标移到要翻转的元件上,按住鼠标左键不放,则每按一次键盘上的 Y 键,元件将进行一次垂直方向的翻转。

六、复制、剪切、删除和粘贴元件

1. 复制元件

首先选中要复制的所有元件,然后执行下面三种操作之一,即可完成复制操作,将元件复制到剪贴板上。

➤ 点击标准工具栏上的 🖻 工具;

➤ 使用快捷键 Ctrl＋C 或 E＋C;

➤ 执行菜单命令:【编辑】→【拷贝】。

2. 剪切元件

首先选中所有要剪切的元件,然后执行下面三种操作之一,即可完成剪切操作。

➤ 点击标准工具栏上的 🖻 工具;

➤ 使用快捷键 E＋T;

➤ 执行菜单命令:【编辑】→【剪切】。

剪切操作完成后图纸上被选中的元件消失,它们被存放到剪贴板上。

3. 删除元件

采用下面两种方法都可以删除元件。

➤ 首先选中所有要删除的元件,然后按下键盘上的 Delete 键,即可删除所选元件。

➤ 执行菜单命令【编辑】→【删除】或使用快捷键 E＋D,将出现的十字光标移到待删除元件上点击,即可删除该元件,继续移动十字光标到其他元件上点击,可继续删除其他元件。点击鼠标右键或按下键盘上的 ESC 键,可退出删除命令状态。

4. 粘贴元件

完成元件的复制或剪切操作后,就可进行粘贴操作。执行下面三种操作之一,系统将进入粘贴命令状态。

➤ 点击标准工具栏上的 🖻 工具;

➤ 使用快捷键 Ctrl＋V 或 E＋P;

➤ 执行菜单命令:【编辑】→【粘贴】。

此时光标变成"十"字形,在十字光标上出现元件的虚影,移动光标到合适位置,点击鼠标即可粘贴元件。

任务 8 熟练绘制原理图

接下来将以绘制图 2-18 所示原理图为例,详细介绍原理图的设计过程。

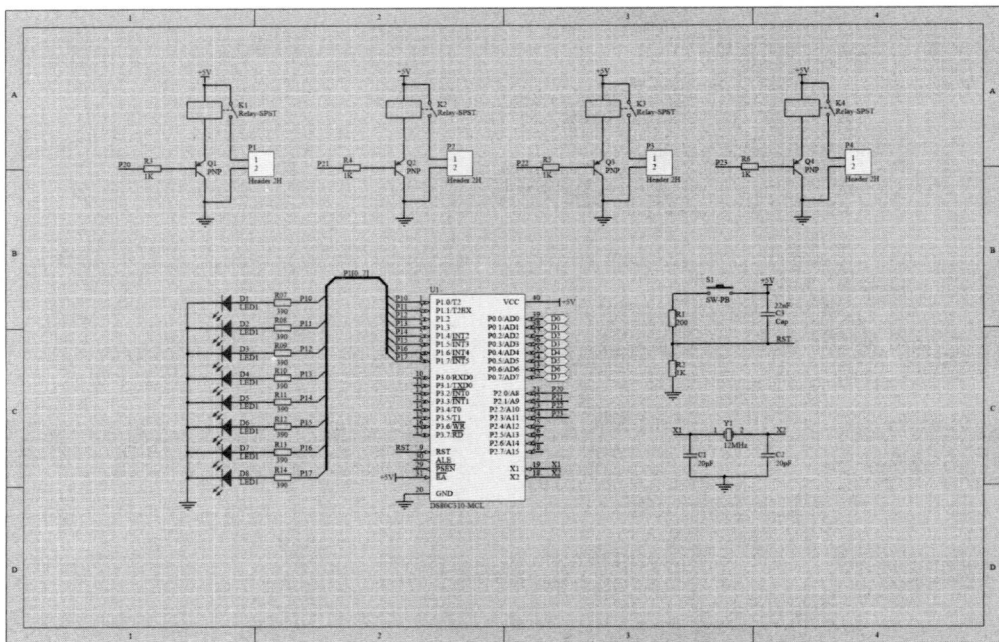

图 2-18 彩图

图 2-18 原理图示例

1. 建立设计文件

在 D 盘根目录下新建一个文件夹,命名为"STUDY"。启动 Altium Designer 15,新建一个项目文件和一个原理图文件,保存在该文件夹中,项目文件名为"MyDesign. PrjPCB",原理图文件名为"MySheet"。此时文件夹如图 2-19 所示,原理图编辑器如图 2-20 所示。

2. 设置图纸参数

执行菜单命令【设计】→【文档选项】,打开【文档选项】对话框。根据图 2-18 的情况,将图纸设置为 A4 纸,取消"标题块"。为了能看清楚图纸的栅格,将图纸颜色设置为基本颜色的 18 色,其他参数采用默认值。

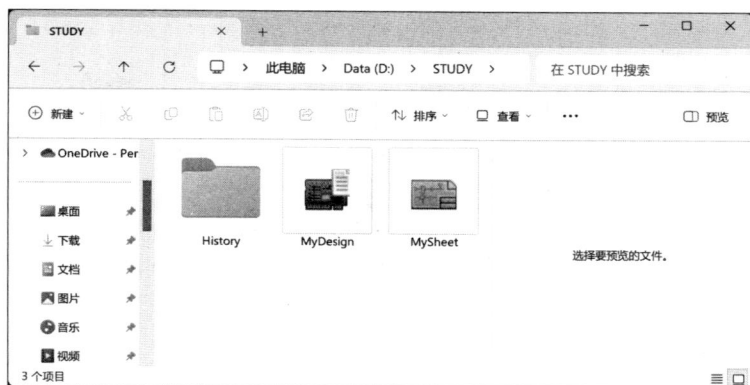

图 2-19　新建项目文件和原理图文件

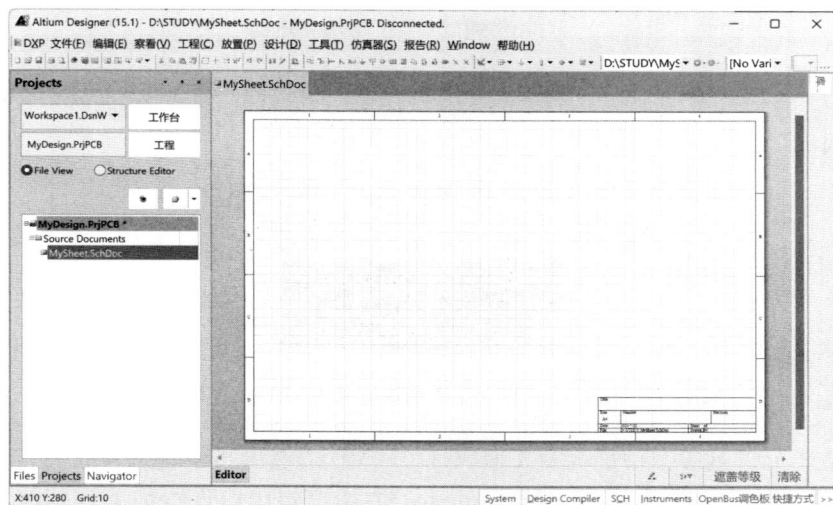

图 2-20　原理图编辑器界面

3. 加载元件库

图 2-18 所示各元件所在的元件库见表 2-1。

表 2-1　各元件所在元件库

元件	所在的元件库
Cap、LED1、Relay-SPST、PNP、RES2、SW-PB、XTAL	Miscellaneous Devices. IntLib
Herder 2H	Miscellaneous Connectors. IntLib
DS80C310 - MCL	Dallas Microcontroller 8 - Bit. IntLib

表 2-1 中，集成元件库 Miscellaneous Devices. IntLib 和 Miscellaneous Connectors. IntLib 已经是可用元件库，不需再加载，需要加载的是元件 DS80C310 - MCL 所在的元件库 Dallas Microcontroller 8 - Bit. IntLib。

对于初学者，可能不知道元件 DS80C310 - MCL 在哪一个库中，这时可使用元件库的查找功能查找到该库。

4．放置和编辑元件

将所用到的元件库全部加载到元件库管理面板后，接下来的工作就是将元件放置在图纸上，调整元件的方向和位置，编辑元件的属性。

（1）打开元件库管理面板，在可用元件库列表窗中选中集成元件库 Dallas Micro-controller 8 - Bit. IntLib，在元件查询屏蔽窗输入 DS80C310 - MCL，此时元件列表窗中出现了该元件，如图 2-21 所示。

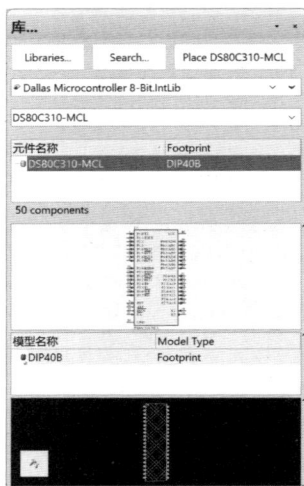

图 2-21　通过元件库管理面板找到元件 DS80C310 - MCL

（2）双击元件列表窗中的元件 DS80C310 - MCL，然后按下键盘上的 Tab 键，打开元件属性对话框，在该对话框中将【Designator】右边窗口内容设置为 U1，其他属性采用默认值，如图 2-22 所示。

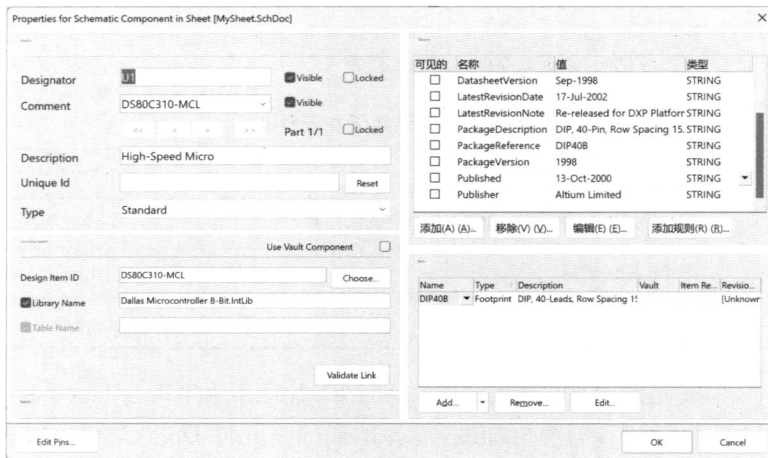

图 2-22　设置元件 DS80C310 - MCL 的属性

（3）设置好元件属性后，点击对话框中的【OK】按钮，返回原理图编辑器，将光标移到图纸的中下部的合适位置，点击鼠标左键，放下该元件。

（4）用相同的方法将元件 Cap、LEDI、Relay-SPST、PNP、RESZ、SW-PB、XTAZ 等从元件库中取出，编辑属性并调整好方向，根据图 2-18，将元件放置在图纸上，如图 2-23 所示。

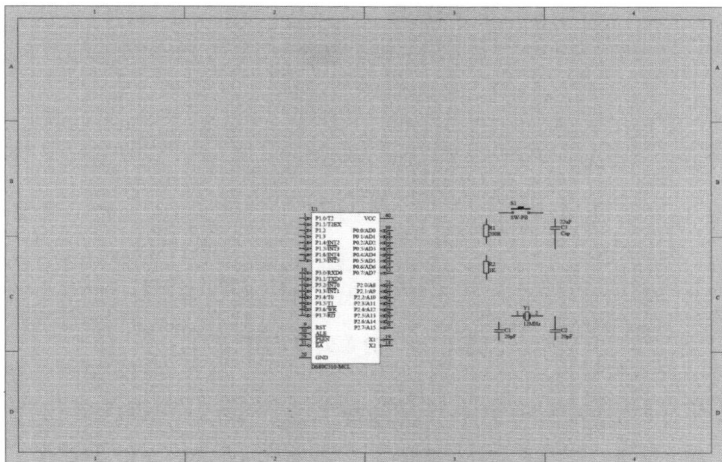

图 2-23 彩图

图 2-23　放置好部分元件后的原理图

5. 采用"智能粘贴"方法绘制相似的电路

分析图 2-18，我们发现，该图有些电路非常相似，而且元件的编号也很有规律。例如电路左下方的 8 个发光二极管支路，上方的 4 个继电器电路。所以我们考虑采用"智能粘贴"的方法来绘制这一部分电路，这样可以大大提高绘图效率。

（1）绘制图 2-18 左边发光二极管电路中的一条支路，将电阻编号设置为 R14，发光二极管的编号设置为 D8，点击配线工具栏的导线工具 ，移动光标到元件引脚，在出现红色"米"字后点击鼠标，确定导线起点，移动光标到导线另一连接引脚，在出现红色"米"字后点击鼠标，确定导线终点，如图 2-24 所示。

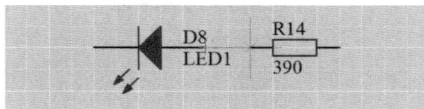

图 2-24　绘制导线

图 2-24 彩图

（2）用相同方法在发光二极管左边和电阻右边引脚画一段导线，结果如图 2-25 所示。

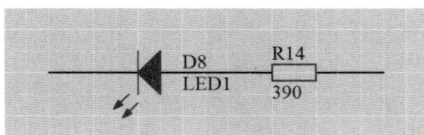

图 2-25　绘制好导线的发光二极管支路

（3）点击配线工具栏的网络标签工具 Net，按下键盘上的 Tab 键，打开【网络标签】对话框，在【网络】窗口输入"P17"，如图 2-26 所示

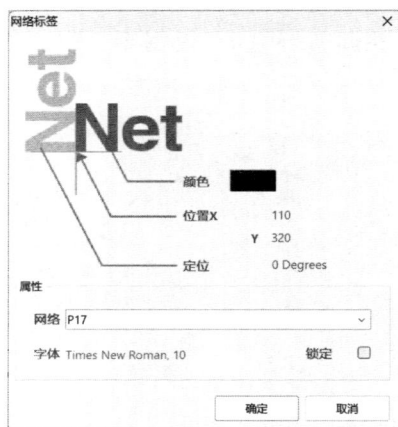

图 2-26　放置网络标签

（4）点击【确定】按钮，返回图纸，移动光标到支路右边，在出现红色"米"字后点击鼠标，放下网络标签，放置好网络标签的发光二极管支路如图 2-27 所示。

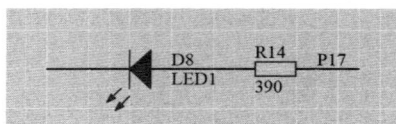

图 2-27　放置好网络标签的发光二极管支路

（5）框选整个支路，按下 Ctrl＋X 键，将支路剪切到剪贴板。

（6）执行菜单命令【编辑】→【灵巧粘贴...】，打开【智能粘贴】对话框，按图 2-28 所示设置。

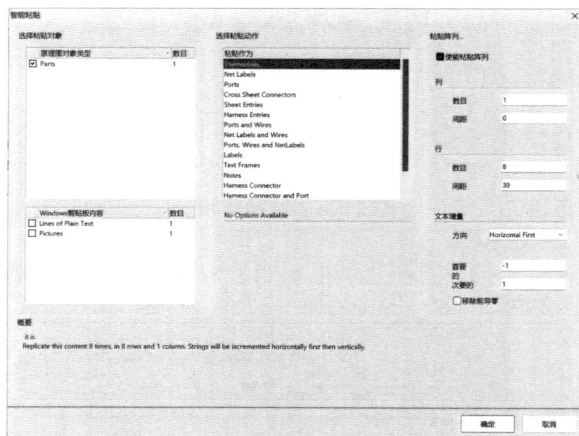

图 2-28　设置二极管支路的"智能粘贴"

（7）点击【确定】按钮，返回图纸，移动光标到合适地方，点击鼠标粘贴各个支路，完成粘贴后的电路如图 2-29 所示。

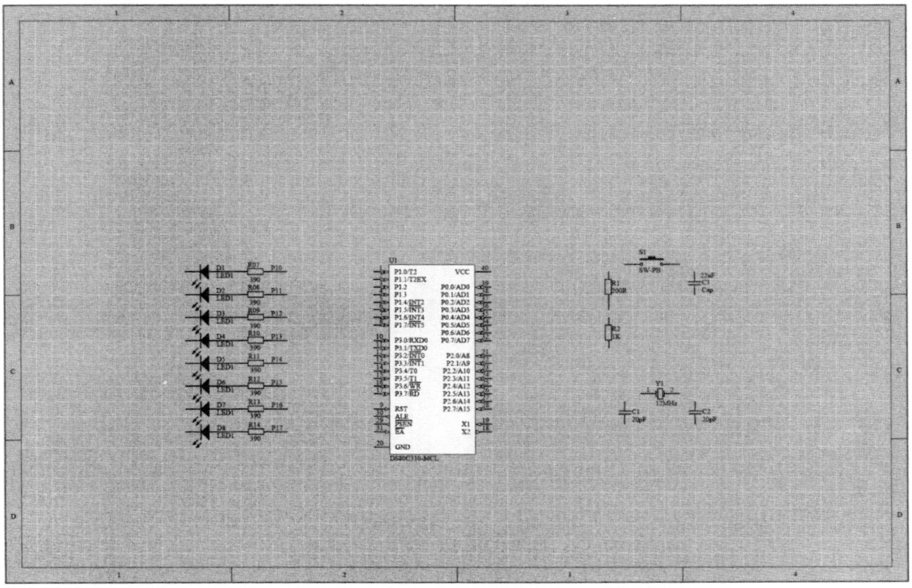

图 2-29 完成二极管支路"智能粘贴"后的原理图

（8）接下来绘制图 2-18 左边第一组继电器电路。从元件库管理面板取出所用元件，编辑元件属性，绘制连接导线，放置网络标签，如图 2-30 所示。

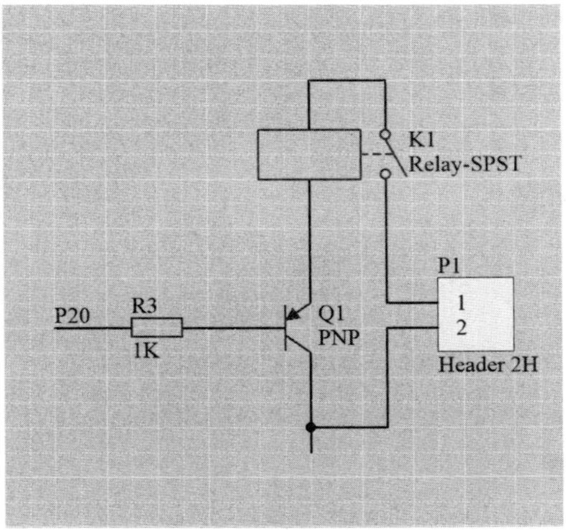

图 2-30 完成导线和网络标签的继电器电路

（9）点击配线工具栏的电源端口工具 ，按下键盘上的 Tab 键，打开【电源端口】对话框，在对话框【属性】选项区的【网络】窗口输入"+5V"，如图 2-31 所示。

（10）点击【确定】按钮，返回图纸，在图 2-30 电路上方放置+5V 电源。

（11）点击配线工具栏的接地端口工具 ⏚，按下 Tab 键打开【电源端口】属性对话框，设置端口名称为"GND"，如图 2-32 所示。

（12）点击【确定】按钮，返回图纸，在图 2-30 所示电路上方放置接地端口。绘制好的电路如图 2-33 所示。

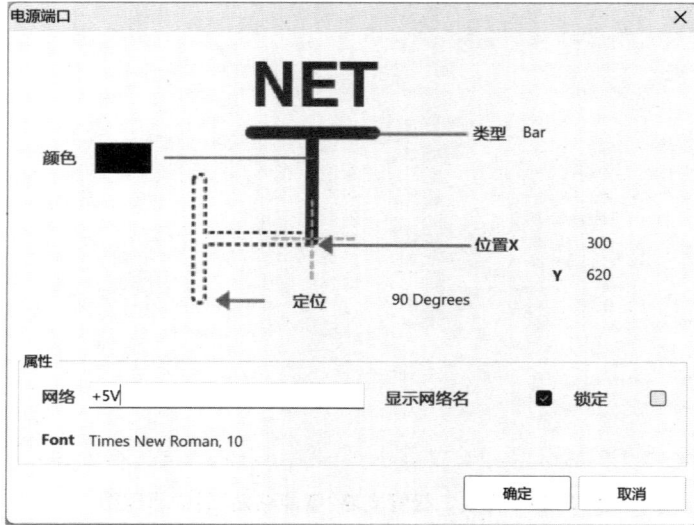

图 2-31　设置电源端口

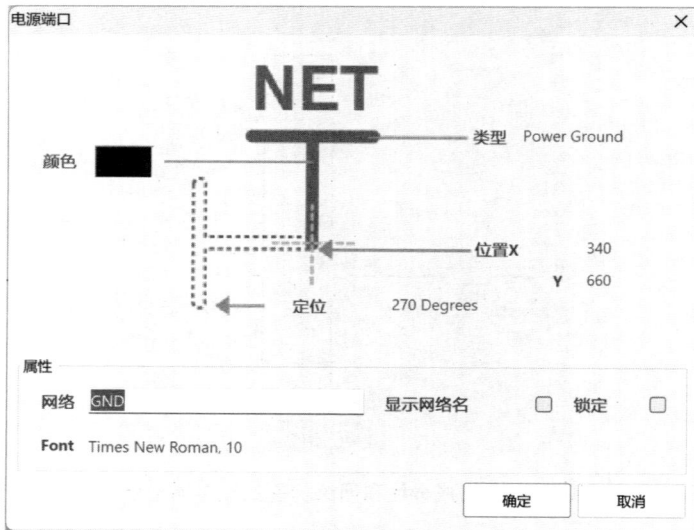

图 2-32　设置接地端口

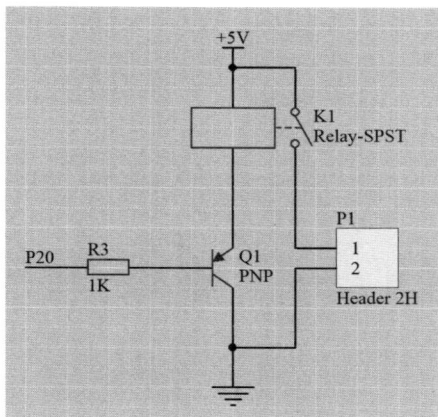

图 2-33　绘制好的一组继电器电路

（13）按照前面介绍的方法对该电路进行"智能粘贴"，设置对话框如图 2-34 所示。完成后的电路如图 2-35 所示。

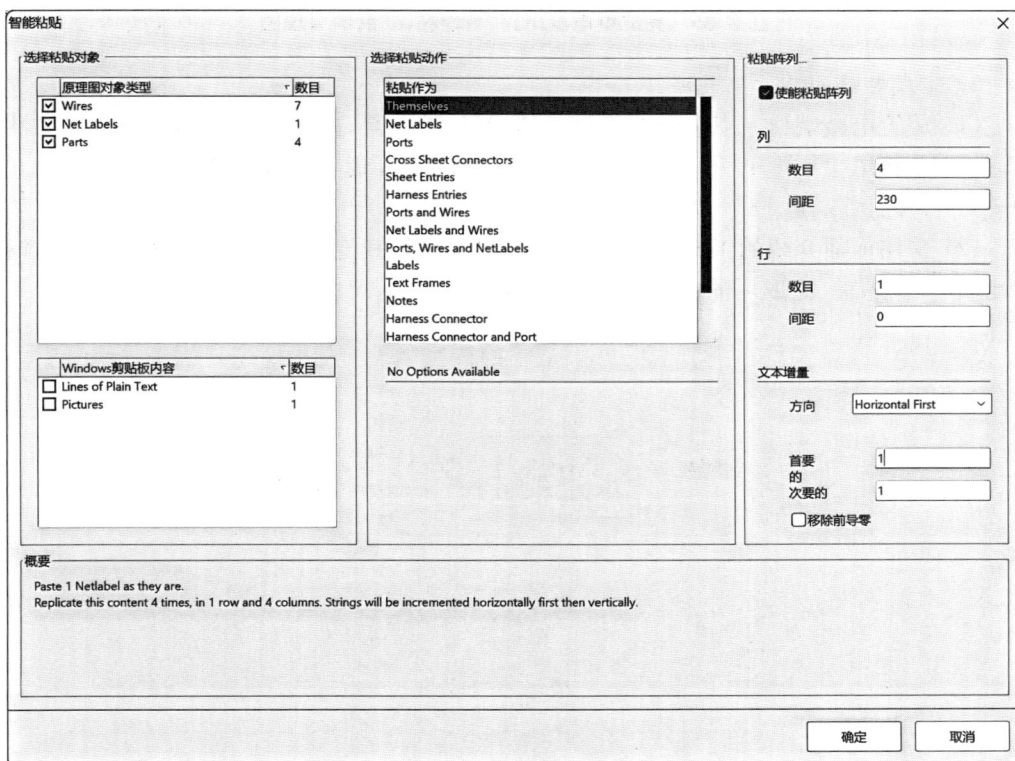

图 2-34　设置 4 组继电器的"智能粘贴"

图 2-35　完成继电器电路"智能粘贴"后的原理图

6. 完成电路的其他电气连接

（1）放置电路端口。点击配线工具栏的端口 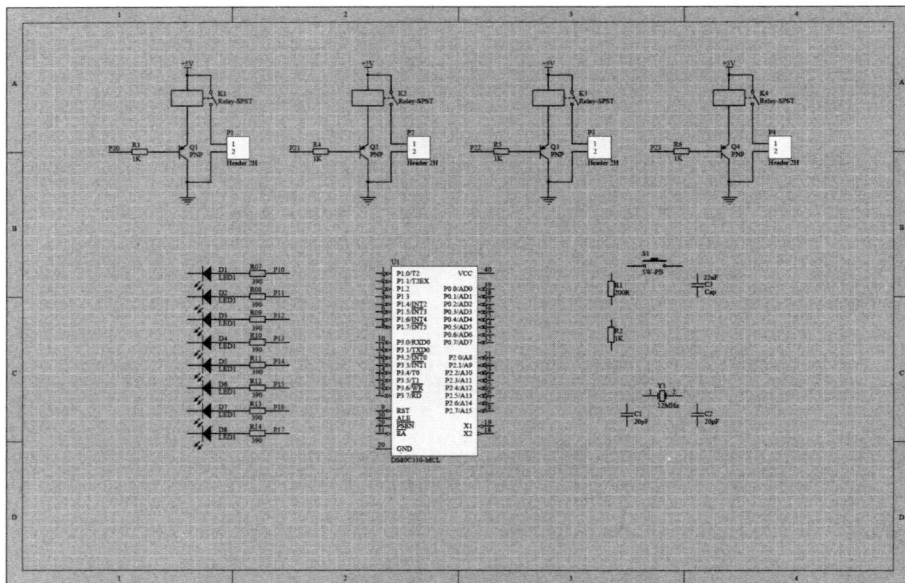工具，按下 Tab 键，打开【端口属性】对话框，按照图 2-36 进行设置。点击【确定】按钮，返回图纸，依次在元件 U1 的 39—32 引脚放置端口 D0—D7。

（2）采用前面介绍的工具和操作方法，完成电路的其他导线、网络标签、电源端口和接地端口的放置。完成后的原理图如图 2-37 所示。

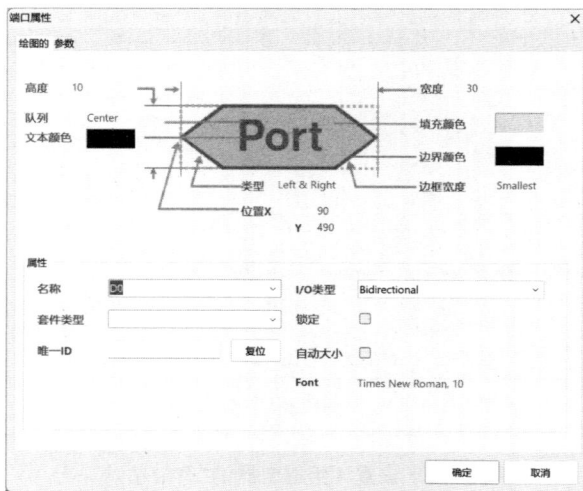

图 2-36　设置端口属性

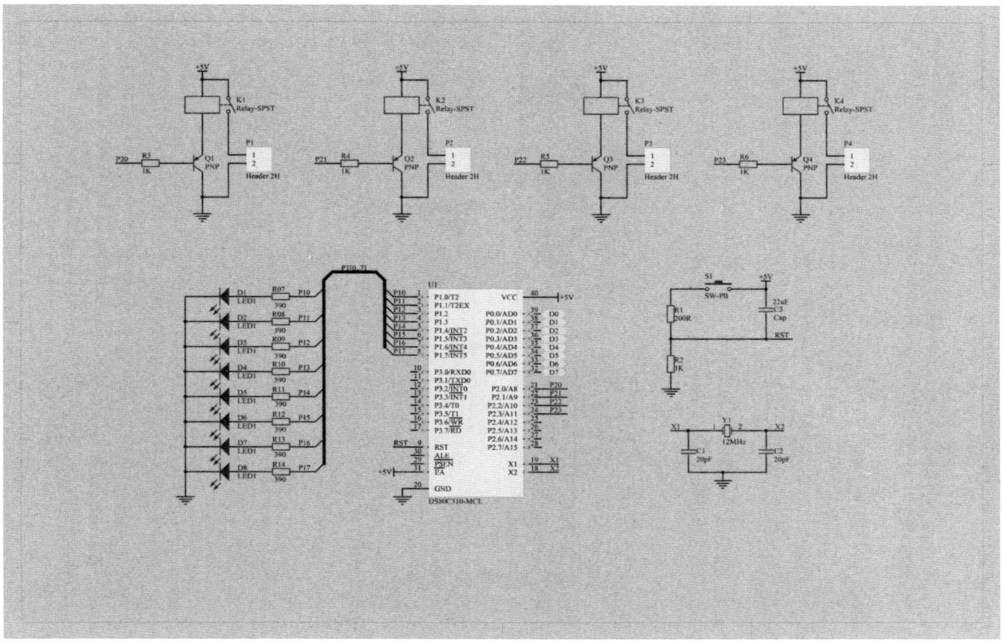

图 2-37 彩图

图 2-37 完成全部电路连接后的原理图

7. 设计标题栏

（1）点击实用工具栏下的绘图子工具栏中的放置直线工具╱，如图 2-38 所示。

（2）在图纸右下角绘制标题栏框线，如图 2-39 所示。

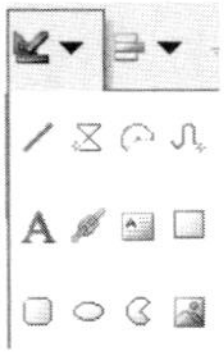

图 2-38 绘图子工具栏

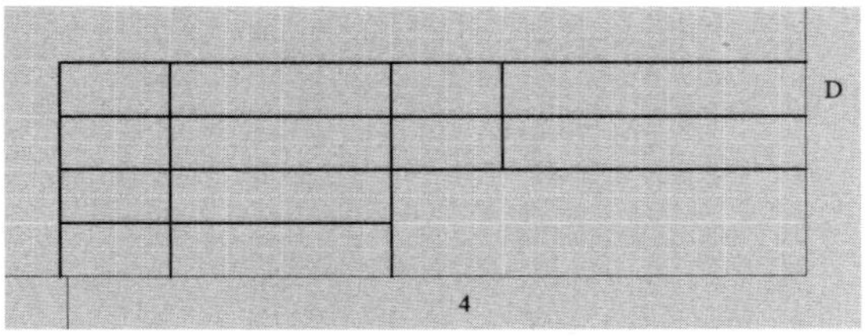

图 2-39 绘制标题栏框线

（3）点击绘图子工具栏中的放置文本字符串工具 **A**，按下 Tab 键，打开【标注】对话框，按图 2-40 所示设置。

（4）点击【确定】按钮，返回图纸，在标题栏相应空格处点击鼠标，放下文本。

（5）依次放下其他标题栏文本，完成后的原理图如图 2-18 所示。

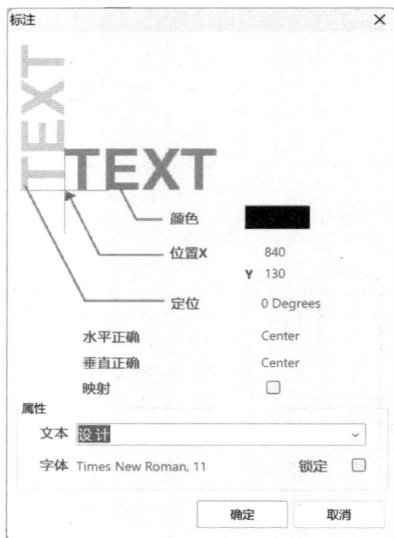

图 2-40　设置文本属性

任务 9　生成元件报表

元件报表主要用来列出当前项目中所有元件的编号、封装形式、名称等,相当于一份元件清单。根据这一报表,用户可以详细查看项目中元件的各类信息,元件报表还可以作为元件采购的参考。

(1) 执行菜单命令【报告】→【Bill of Materials】,打开原理图材料清单对话框,如图 2-41 所示。

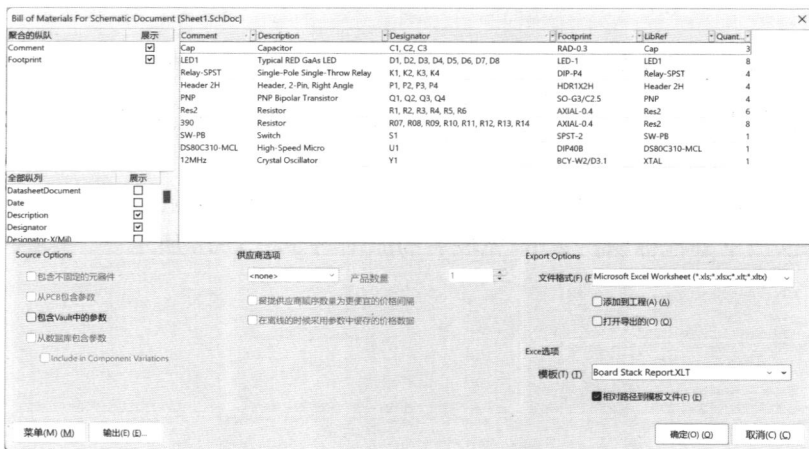

图 2-41　设置原理图材料清单

（2）点击对话框左下角的【菜单（M）（M）】，选择弹出菜单的【导出...】，打开导出对话框，如图 2-42 所示，设置报表的保存位置、文件名和文件类型，点击【保存（S）】按钮，即可生成该原理图的元件报表。

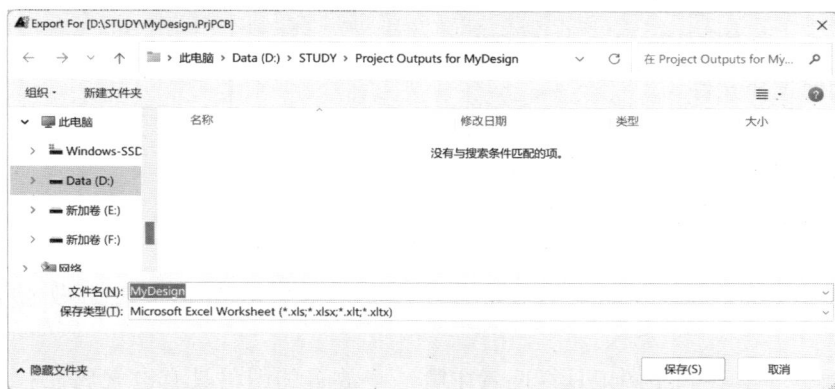

图 2-42 设置导出报表的保存位置、文件名和文件类型

任务 10 建立项目的原理图元件库

完成项目设计后，可以将项目中用到的所有原理图元件存放在一个原理图元件库中，将所有 PCB 元件存放在一个 PCB 元件库中。这样，项目的使用就不再受系统集成库的限制，而且元件的编辑、修改和管理更加方便。

执行菜单命令【设计】→【生成原理图元件库】，在接下来弹出的对话框中点击【确定】按钮和【OK】按钮，将创建一个项目的原理图元件库，如图 2-43 所示。

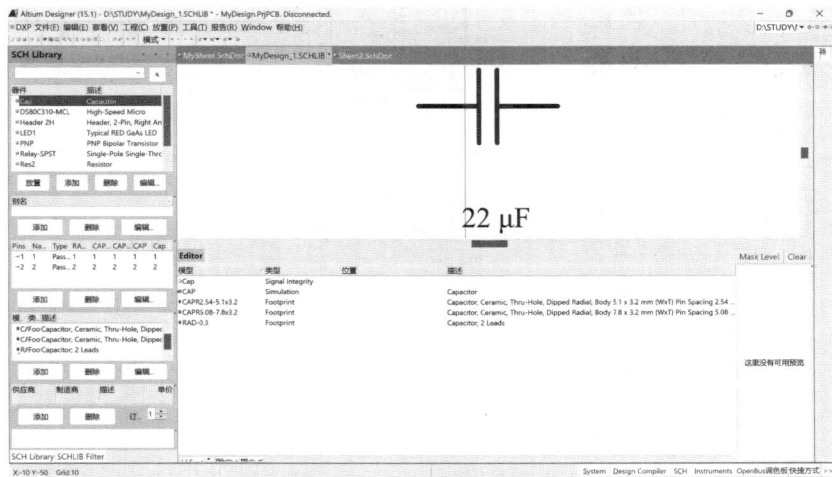

图 2-43 创建的项目原理图元件库

思考与练习

1. 设计电路原理图一般包括哪几步？

2. 如何设置图纸参数？

3. 如何实现画面的缩小和放大操作？

4. 如何选择元件？

5. 如何实现一个或多个元件的移动？

6. 剪切和删除操作有哪些异同点？

7. 如何进行粘贴、灵巧粘贴？

8. 如何放置导线、网络标签或端口？如何编辑它们的属性？

9. 如何添加元件库？如果不清楚元件存放在哪个元件库，要怎么做才能使用该元件？

10. 配线工具栏和绘图工具栏两者中哪一个放置的图件具有电气属性？使用时要注意什么问题？

11. 如何进行项目编译，如何根据编译信息排查错误？

12. 网络表由哪几个部分组成，它有什么用？

13. 如何创建项目元件列表？

14. 如何创建项目元件库？

15. 新建一个项目文件，在该项目下新建一个原理图文件，设置图纸参数为 A4 纸，水平放置，图纸颜色为基本 30 色，不使用系统标题栏。抄画图 2-44 所示的原理图，在图纸右下角绘制如图 2-45 所示的标题栏，图中尺寸单位为 mil；文字设置为宋体、常规、小四。完成后进行项目编译，最后生成网络表和项目元件列表。

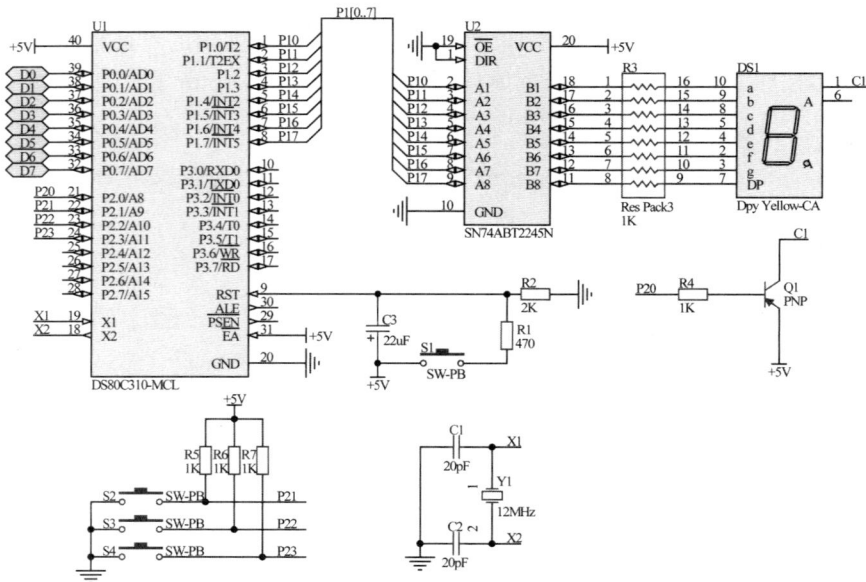

图 2-44　电路原理图

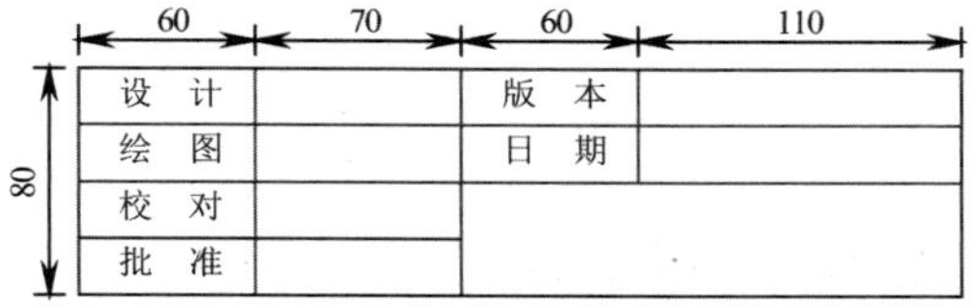

图 2-45　标题栏

项目三 | 原理图元件制作

项目描述

　　在进行原理图设计时,必须先将所用到的元件从元件库中取出,然后才能进行电气连接。随着电子技术的发展,新元件层出不穷,此外还有一些非标准化的元件,虽然 Altium Designer 15 的元件库非常丰富,但它不可能包罗所有的元件。因此,在原理图设计过程中,当用户在元件库中找不到所需要的元件时,就需要自己动手来制作这些元件,并用于原理图中。本项目首先介绍原理图元件库编辑器,认识原理图元件的组成;接着以两个例子,分别介绍单一元件和多子件元件的制作过程;最后介绍如何使用自己制作的原理图元件。

项目目标

　　(1) 熟悉原理图元件库编辑器。
　　(2) 熟悉制作原理图元件库元件的流程。
　　(3) 能熟练制作原理图元件库元件,并能在原理图中使用自己制作的元件。

微课视频

　　微课 1　原理图元件库编辑界面介绍
　　微课 2　绘制芯片类型原理图元件
　　微课 3　一般元器件原理图元件绘制
　　微课 4　原理图元件小结

项目三　微课视频

任务 1　熟悉原理图元件库编辑器

　　打开原理图库文件后就进入了原理图元件库文件编辑器,如图 3-1 所示。它由菜单栏、工具栏、状态栏、面板管理中心、工作区以及库元件管理面板等组成。

　　1. 菜单栏

　　菜单栏有文件、编辑、察看、工程、放置、工具、报告等菜单,存放着文件操作和原理图元件制作等相关命令。

2. 工具栏

包括标准工具栏、实用工具栏、模式工具栏和快速导航器等。

1）标准工具栏

标准工具栏可进行文件操作、画面操作，以及图件的剪切、复制、粘贴、选择、移动等操作。

2）实用工具栏

实用工具栏有四个子工具栏，分别是 IEEE 符号子工具栏、绘图子工具栏、网格设置子工具栏和模式管理器。

3. 状态栏

用于显示当前鼠标光标在图纸上的坐标和捕获栅格的大小，图纸坐标的原点在图纸的十字线中心。执行菜单命令【察看】→【状态栏】，可以打开或关闭状态栏。

4. 面板管理中心

用于开启或关闭各种工作面板。当用户不小心搞乱了工作面板时，通过执行菜单命令【察看】→【桌面布局】→【Default】，即可恢复初始界面。

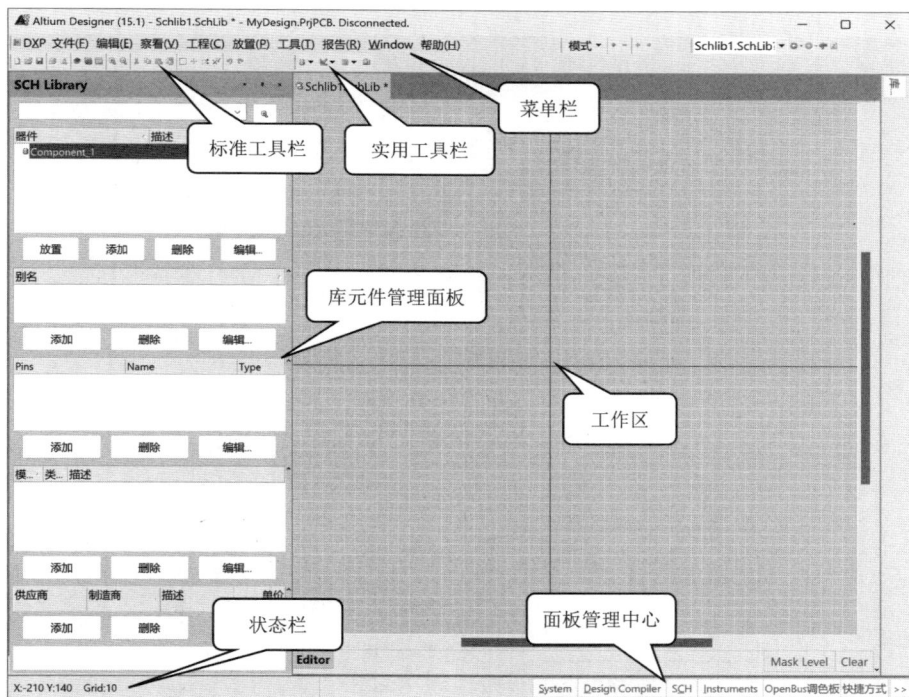

图 3-1　原理图元件库编辑器

5. 工作区

工作区是进行原理图元件设计的地方，它被一个十字线分成了四个区域，坐标原点在十字线中心。由于元件的参考点就是这里的坐标原点，因此在制作元件时，元件应放在坐标原点,也就是十字线中心附近。

6. 库元件管理面板

原理图元件库编辑器中有一个专门的库元件管理面板,用于管理库文件中的所有元件,它由元件查询屏蔽窗、元件列表窗、元件别名窗、管脚列表窗和其他模型列表窗组成,如图 3-2 所示。

1) 元件查询屏蔽窗

查询元件库中的元件时,可在该窗口输入元件名称或元件名称的部分字符,只有符合查询条件的元件才在元件列表窗中显示出来。利用该窗口可以提高元件的查找效率。

2) 元件列表窗

该窗口列出元件库中符合查询条件的所有元件。当元件查询屏蔽窗为空时,将列出元件库中的所有元件。

3) 元件别名窗

选中元件列表窗中的某个元件后,元件别名窗会显示出和该元件功能和管脚排列相同的其他元件,这些元件就叫该元件的别名元件。在制作元件时,别名元件不需重新绘制,在元件别名窗追加就可以了。在原理图中使用别名元件时,可直接调用主元件的原理图符号。

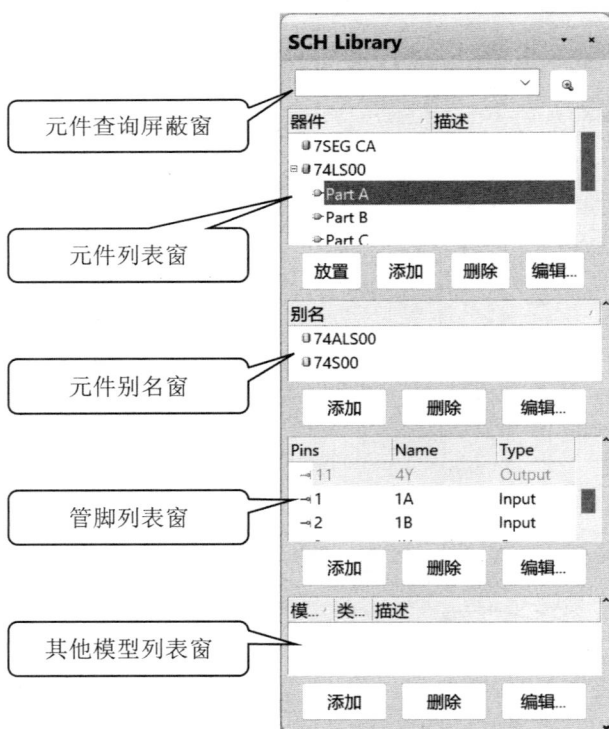

图 3-2 库元件管理面板

　　4）管脚列表窗

　　用于显示元件列表窗中选中的元件的所有管脚,包括管脚号、管脚名和管脚的电气类型等。

　　5）其他模型列表窗

　　用于显示元件列表窗中选中的元件的其他模型,例如 PCB 封装模型、信号完整性分析模型和仿真模型等。

　　这些窗口的下方都有【添加】、【删除】和【编辑】按钮,它们分别用于添加、删除和编辑相应窗口的对象。在元件列表窗的下方还有一个【放置】按钮,用于将元件列表窗中被选中的元件放置到最后打开的原理图中。

任务 2　认识原理图元件

一、单一元件和多子件元件

　　根据内部组成情况,原理图元件可以分为单一元件和多子件元件。单一元件是指该电子元件的所有引脚服务于一个功能器件,具有某个特定功能,例如电容、电阻,以及单一芯片元件,如图 3-3 所示。多子件元件多见于一些门电路、计数器、触发器等,在这些电路芯片中集成了多个功能一样的子元件,例如四-二输入与非门 MC74HC00AN,在该芯片中集成了 A、B、C、D 四个功能一样的二输入端与非门,如图 3-4 所示。

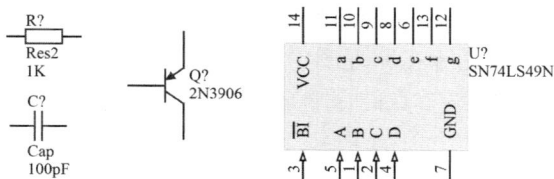

图 3-3　单一元件

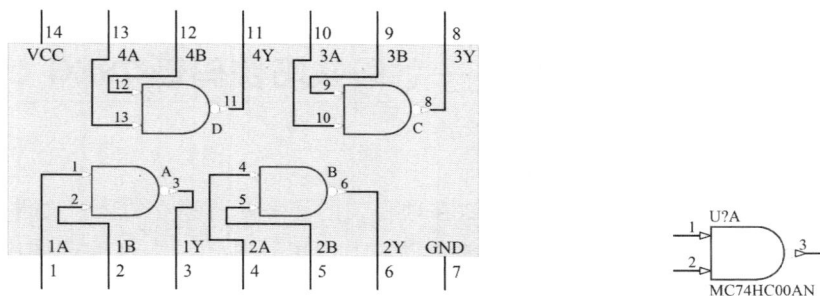

（1）MC74HC00AN 的引脚图　　　　　　（2）MC74HC00AN 库元件

图 3-4　元件 MC74HC00AN

二、原理图元件的构成

原理图元件由元件图、元件管脚和元件属性三个部分组成，如图 3-5 所示。

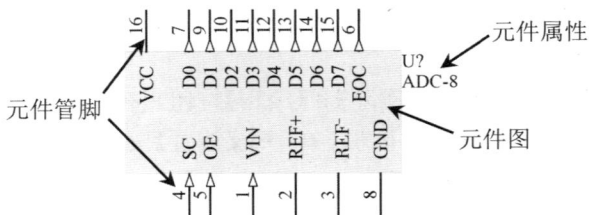

图 3-5　元件的组成

1. 元件图

元件图是元件的主体部分，这一部分用于形象地呈出元件的功能，主要是给人看的，本身没有实际电气意义。一般用绘图工具栏或放置菜单上不具有电气意义的相关工具或相关命令来绘制。

2. 元件管脚

元件管脚是元件的主要电气部分，这一部分不仅要给人看，更重要的是给原理图设计系统"看"，它是元件最重要的组成部分。每一个管脚都有编号和名称，在原理图中，如管脚是用导线进行连接，往往用"元件编号＋管脚编号"来命名对应网络。对于具体的某一个元件，其管脚一般以数字编号，一般从"1"开始，依次加 1，中间不许缺号；当然更不能使两个或两个以上的管脚共用一个编号。每一个管脚有且只有一个电气节点，这个电气节点位于管脚的末端，它用于在原理图中与导线、网络标号或端口进行电气连接。在放置管脚时，管脚末端（有电气节点的一端）应背离元件图，而管脚的首端（没有电气节点的一端）应靠近元件图。

3. 元件属性

元件属性包括元件编号、元件封装、元件描述等。在制作好元件后，一般要设置元件的默认编号、元件名称，还可以设置元件的一些说明信息。

任务 3　制作单一元件——七段共阳数码管 7SEG CA

元件 7SEG CA 的引脚如图 3-6 所示，在项目二的任务 8 所建立的项目文件"MyDesign. PrjPCB"下创建一个原理图库文件，命名为"MySchlib. SchLib"，在原理图库文件中制作元件 7SEG CA，制作过程如下。

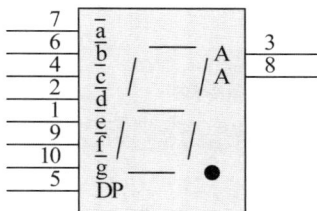

图 3-6 元件 7SEG CA 的引脚图

1. 建立原理图库文件

（1）打开项目二所建立的项目文件 MyDesign. PrjPCB，打开项目面板，在面板中的项目名称上右击鼠标，选择弹出菜单中的【给工程添加新的(N)】→【Schematic Library】，如图 3-7 所示。新建一个库文件后自动打开原理图元件库编辑器，如图 3-8 所示。

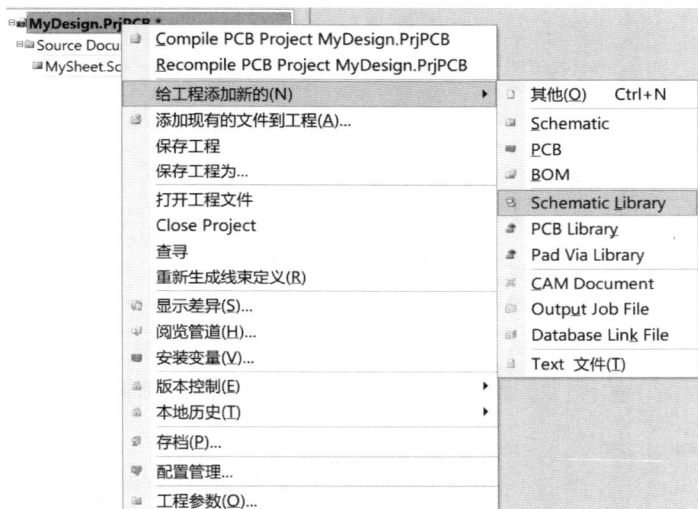

图 3-7 创建原理图库文件的菜单命令

（2）鼠标右击新建立的库文件，保存在项目二所建立的文件夹"STUDY"中。

2. 制作元件 7SEG CA

（1）打开原理图库元件管理面板，此时在元件列表窗已存在一个默认元件"Component_1"，如图 3-9 所示。

（2）点击元件列表窗下方的【编辑...】按钮，打开库元件属性对话框，在【Default Designator】窗口输入元件默认编号"DS?"，在【Symbol Reference】窗口输入元件名"7SEG CA"，如图 3-10 所示。点击【OK】按钮返回原理图元件库编辑器，此时元件列表窗元件名称变成"7SEG CA"。

（3）调整绘图区显示比例，并使图纸十字线中心基本位于绘图区中间位置。

（4）点击绘图子工具栏 的绘制矩形工具 □ ，在绘图区十字线中心附近绘制一个矩形，如图 3-11 所示。

图 3-8　建立原理图库文件并打开

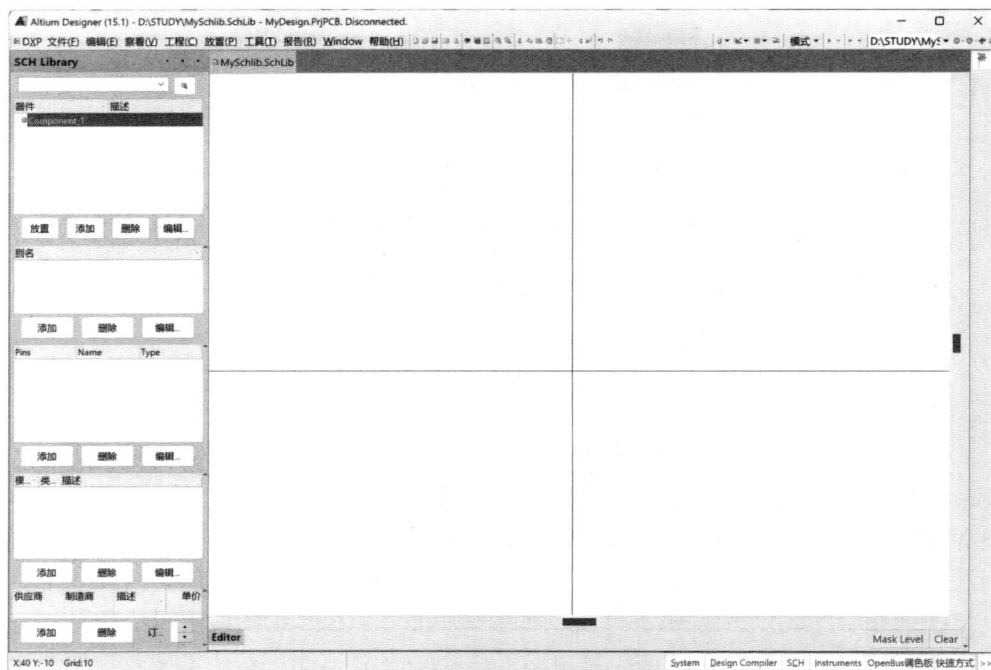

图 3-9　打开库元件管理面板

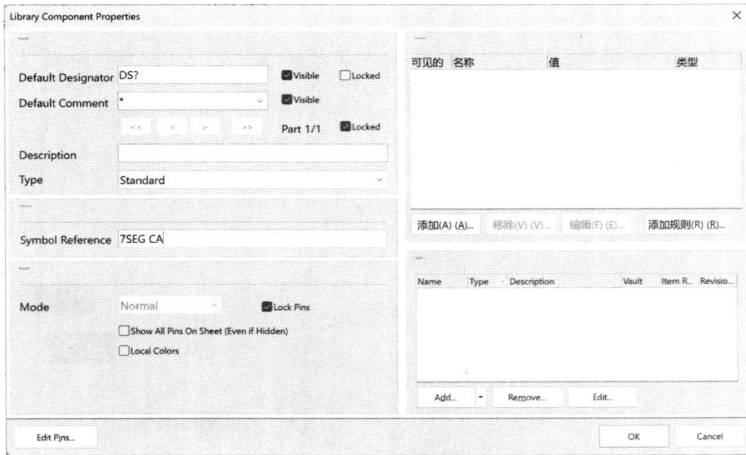

图 3-10　设置元件属性(7SEG CA)

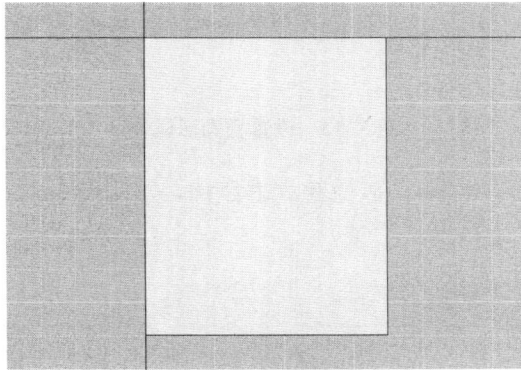

图 3-11　绘制矩形

（5）点击绘图子工具栏 ✎▾ 的放置直线工具 ✎，按下 Tab 键，打开直线属性对话框，将线宽设置为"Large"，如图 3-12 所示。在矩形内绘制"8"字。

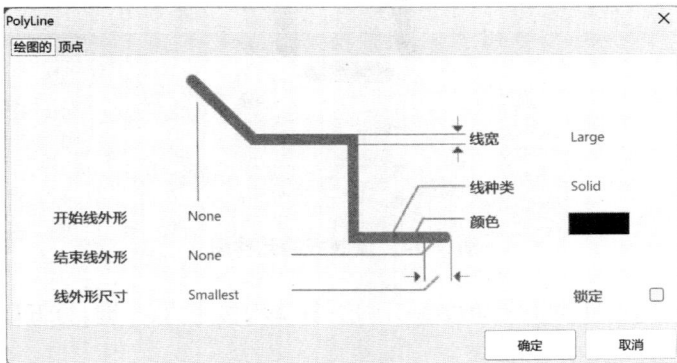

图 3-12　设置直线属性

（6）点击绘图子工具栏 🖉▾ 的放置椭圆工具 ◯，按下 Tab 键，打开椭圆形属性对话框，将"X 半径"和"Y 半径"均设置为 2.5，将"边界颜色"和"填充色"设置为 3 号黑色，如图 3-13 所示。

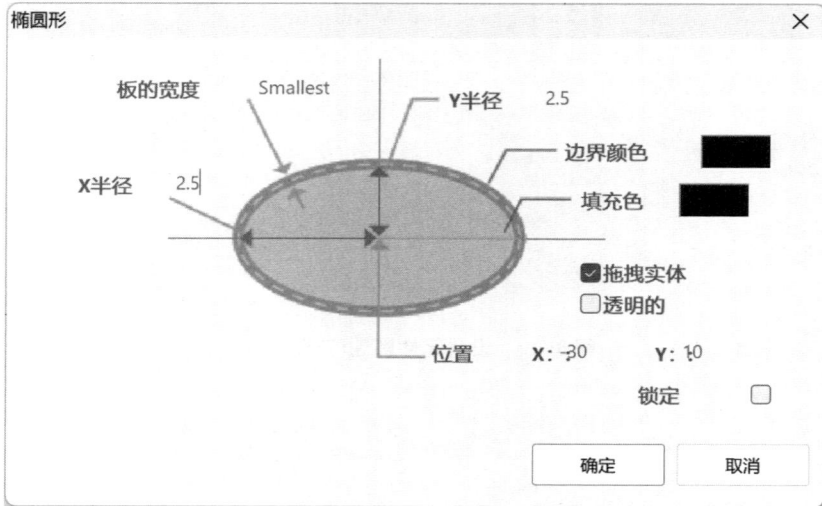

图 3-13　设置椭圆形属性

（7）移动光标，在矩形框内合适位置点击鼠标，放下小黑圆。绘制好的元件图如图 3-14 所示。

图 3-14　绘制好的元件图

（8）点击绘图子工具栏 🖉▾ 的放置引脚工具 🖉 ，按下 Tab 键，打开【管脚属性】对话框，设置管脚属性，如图 3-15 所示。

（9）点击【确定】按钮，返回原理图元件库编辑器，移动光标，调整管脚方向，在相应位置点击放下管脚。图 3-15 中【显示名称】窗口"a\"中的"\"符号,用于在名称"a"上加"非"号,表示引脚为低电平信号有效。

（10）用相同方法放下其他管脚,各管脚属性信息见表 3-1,完成后如图 3-16 所示。至此完成该元件的制作。

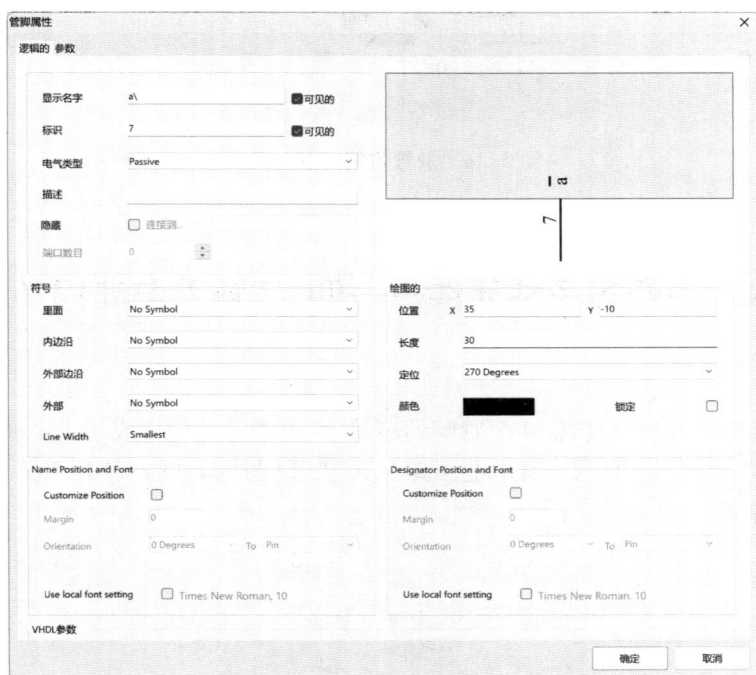

图 3-15　设置管脚属性

表 3-1　元件 7SEG CA 的管脚属性表

显示名称	标识	电气类型	符号	管脚长度
a	7	Passive	No Symbol	30 mil
b	6	Passive	No Symbol	30 mil
c	4	Passive	No Symbol	30 mil
d	2	Passive	No Symbol	30 mil
e	1	Passive	No Symbol	30 mil
f	9	Passive	No Symbol	30 mil
g	10	Passive	No Symbol	30 mil
DP	5	Passive	No Symbol	30 mil
A	3	Power	No Symbol	30 mil
A	8	Power	No Symbol	30 mil

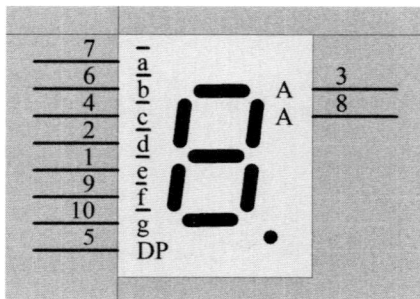

图 3-16　放置好管脚后的元件

任务 4　制作多子件元件——四-二输入与非门 74LS00

元件 74LS00 为一颗具有 14 个管脚的芯片,在这颗芯片中集成了 4 个功能一样的二输入与非门,如图 3-17 所示。其中电源脚 VCC 为 14 号脚,地脚 GND 为 7 号脚,这两个引脚隐藏起来了。

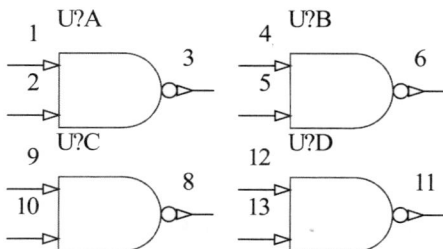

图 3-17　元件 74LS00 的 4 个子元件

下面以制作该元件为例,介绍多子件元件的制作过程。

(1) 打开前面建立的原理图库文件"MySchlib. SchLib",点击库元件管理面板元件列表窗下方的【添加】按钮,打开【New Component Name】对话框,输入元件名"74LS00",如图 3-18 所示。

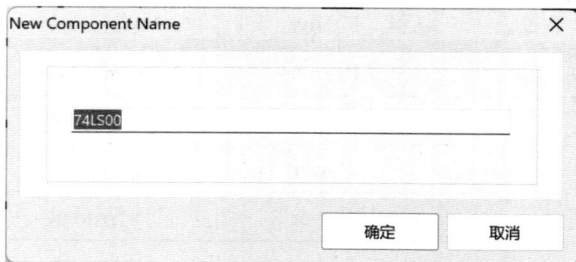

图 3-18　输入元件名

（2）点击【确定】按钮返回编辑器，此时元件列表窗多了一个元件"74LS00"，如图 3-19 所示。

图 3-19　添加 74LS00 后的元件列表窗

（3）点击实用工具栏中的网格设置子工具栏 ▦▾，执行【设置跳转栅格...】菜单命令，在打开的对话框中输入跳动步长为"5"，如图 3-20 所示。

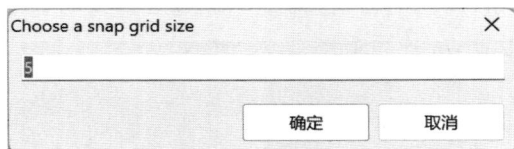

图 3-20　设置跳转步长为 5 mil

（4）将图纸十字线中心移到绘图区中间位置，点击绘图子工具栏的放置直线工具 ／，按下 Tab 键，打开【直线属性】对话框，将线宽设置为"Small"，将颜色设置为 229 号色。

（5）点击【确定】按钮返回编辑器，在绘图区十字线中心附近绘制元件图的直线部分，如图 3-21 所示。

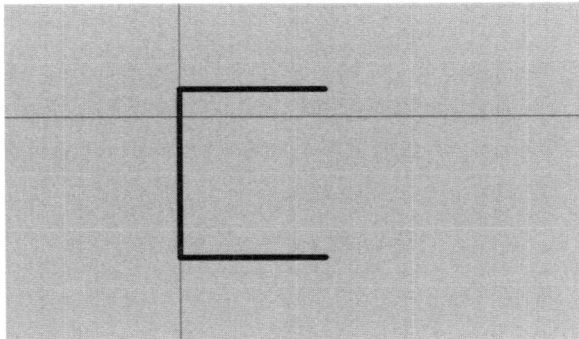

图 3-21　绘制元件图的直线部分

（6）点击绘图子工具栏的放置椭圆弧工具 ⌒，按下 Tab 键，打开椭圆弧属性对话框，将"X 半径"和"Y 半径"均设置为"15"，将"起始角度"设置为 270，"终止角度"设置为

"90",如图 3-22 所示。

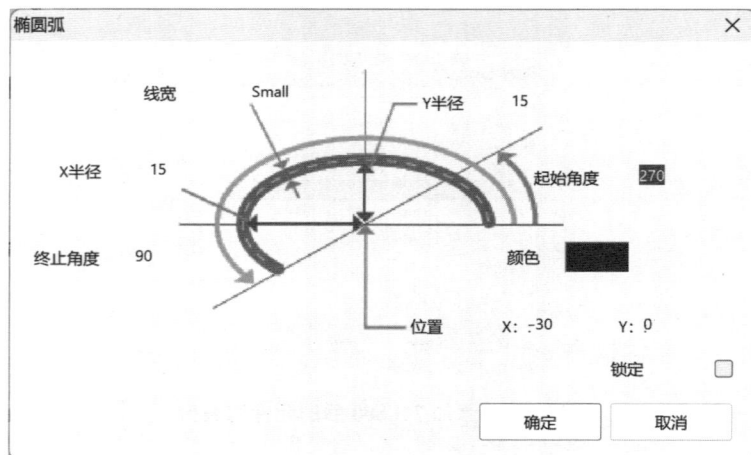

图 3-22　设置椭圆弧属性

（7）点击【确定】按钮，返回编辑器，移动光标到合适位置，保持鼠标不移动，连续点击鼠标，即可完成圆弧绘制，完成后如图 3-23 所示。

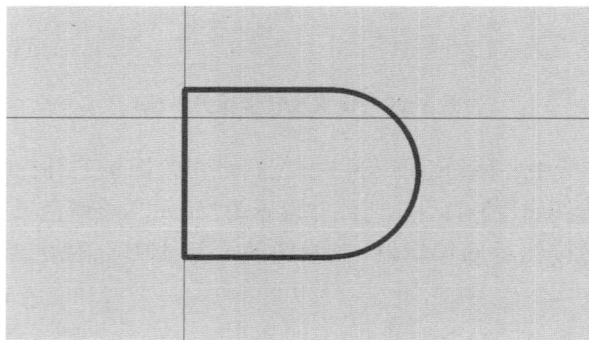

图 3-23　绘制好的元件图

（8）点击绘图子工具栏 的放置引脚工具 ，按表 3-2 所示的管脚属性，依次放置第 1 个子元件的 3 个管脚。注意取消【管脚属性】对话框中【显示名称】窗口右边【可见的】复选项选中状态。完成后元件如图 3-24 所示。

表 3-2　74LS00 第 1 个元件的管脚属性信息

显示名称	标识	电气类型	符号	管脚长度
1A	1	Input	No Symbol	20 mil
1B	2	Input	No Symbol	20 mil
1Y	3	Output	外部边沿：Dot	20 mil

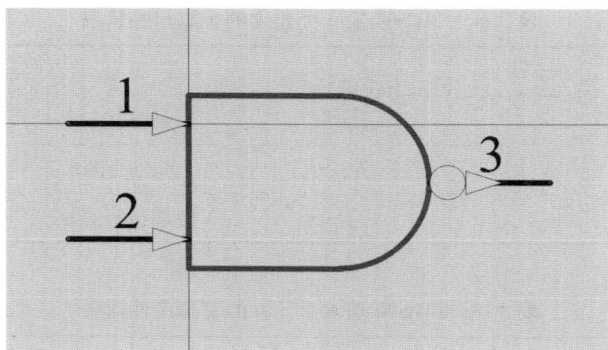

图 3-24　绘制好的第 1 个子元件

（9）框选第 1 个子元件，使用快捷键【Ctrl】+【C】进行复制。

（10）使用菜单命令【工具】→【新部件】，创建第 2 个子元件，并打开新图纸。此时元件列表窗如图 3-25 所示。从图中可看到此时元件 74LS00 下面有两个子元件。

图 3-25　创建第 2 个子元件后的元件列表窗

（11）使用快捷键【Ctrl】+【V】，在十字线中心附近粘贴，分别双击各个管脚，打开【管脚属性】对话框，按表 3-3 修改管脚属性。

表 3-3　74LS00 第 2 个元件的管脚属性信息

显示名称	标识	电气类型	符号	管脚长度
2A	4	Input	No Symbol	20 mil
2B	5	Input	No Symbol	20 mil
2Y	6	Output	外部边沿：Dot	20 mil

（12）按上面的（10）～（11），分别创建第 3、第 4 个子元件，并分别按表 3-4 和表 3-5 修改管脚属性。

表 3-4　74LS00 第 3 个元件的管脚属性信息

显示名称	标识	电气类型	符号	管脚长度
3A	10	Input	No Symbol	20 mil
3B	9	Input	No Symbol	20 mil
3Y	8	Output	外部边沿：Dot	20 mil

表 3-5　74LS00 第 4 个元件的管脚属性信息

显示名称	标识	电气类型	符号	管脚长度
4A	13	Input	No Symbol	20 mil
4B	12	Input	No Symbol	20 mil
4Y	11	Output	外部边沿：Dot	20 mil

（13）点击元件列表窗的"PartA"，打开第 1 个子元件页面，点击绘图子工具栏 的放置引脚工具 ，按表 3-6 的属性信息，依次放置 VCC 和 GND 引脚，注意要选中【管脚属性】对话框【隐藏】右边的复选项，把这两个引脚隐藏起来，同时在【端口数目】窗口选择"0"，这样才能把 VCC 和 GND 引脚同时辐射到其他子元件。图 3-26 所示为 GND 引脚的属性对话框。

表 3-6　74LS00 的 VCC 和 GND 引脚属性信息

显示名称	标识	电气类型	符号	管脚长度
VCC	14	Power	No Symbol	20 mil
4Y	7	Power	No Symbol	20 mil

图 3-26　设置 GND 引脚属性

（14）点击元件列表窗下方的【编辑...】按钮，打开库元件属性对话框，设置元件属性，如图 3-27 所示。

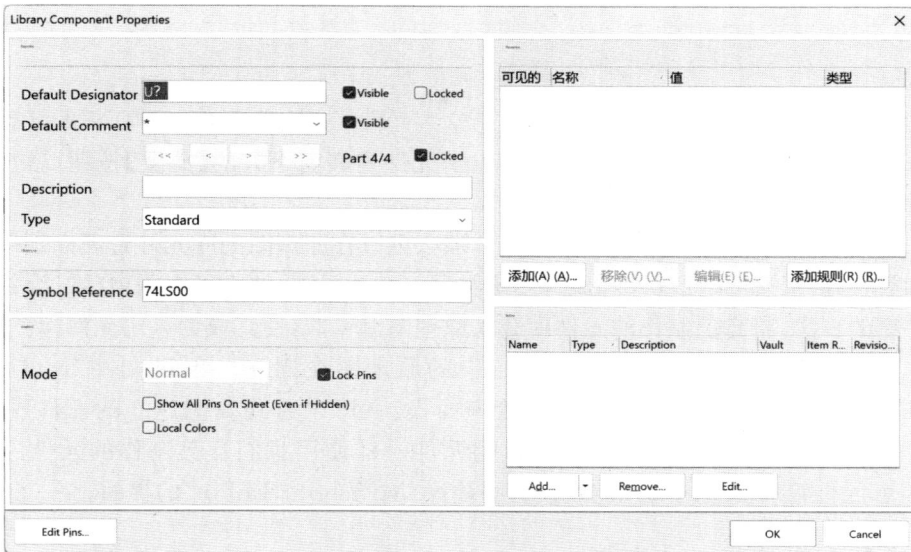

图 3-27　设置元件属性(74LS00)

至此，我们就完成了元件 74LS00 的制作，完成后的编辑器如图 3-28 所示。

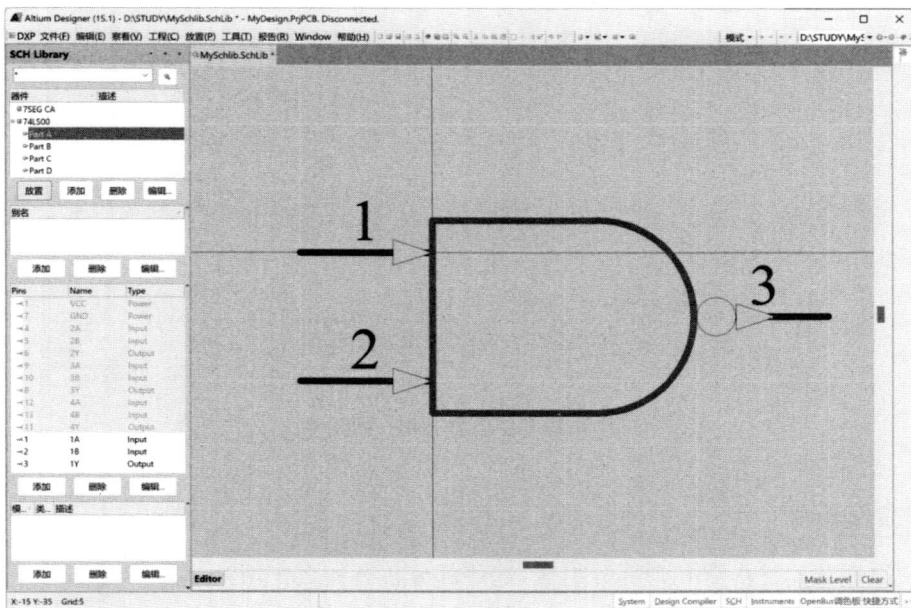

图 3-28　元件 74LS00 制作完成后的原理图元件库编辑器

任务 5　在原理图中使用自己制作的元件

　　制作好元件后,就可以在原理图中使用这些元件了。在库元件管理面板的元件列表窗中选中要放置到原理图中的元件,然后点击元件列表窗下方的【放置】按钮,就可以将元件放置到原理图中。

　　如果元件库和原理图在同一个项目下,那么可以在原理图的库元件管理面板中直接选择和放置元件。如果元件库和原理图不在同一个项目下,那么可以用项目二介绍的加载元件库的方法,将自己制作的元件库载入原理图编辑器,使其成为可用元件库。

　　本项目提及的元件库和前面项目二中的原理图在同一个项目文件"MyDesign.PrjPCB"下,此时打开原理图的库元件管理面板,就可以看到我们建立的元件库"My-Schlib.SchLib",我们可以像使用其他库的元件一样使用我们自己制作的元件。图 3-29 为将库元件管理面板的可用库切换为自建库"MySchlib.SchLib"的界面。

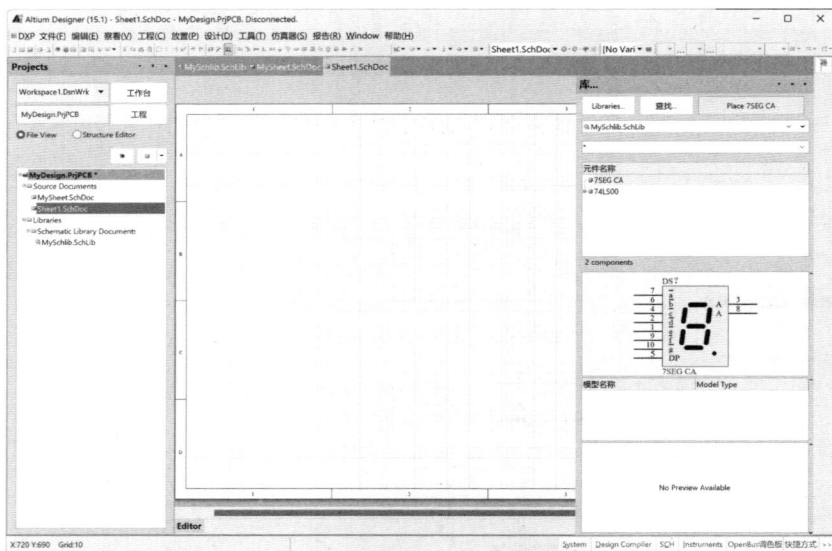

图 3-29　使用自己制作的元件

思考与练习

1. 原理图元件由哪几个部分组成,这些部分各有什么作用?
2. 如何新建一个原理图元件? 如何新建原理图元件的子元件?
3. 制作多子件的 IC 元件时,应注意什么问题?
4. 放置元件管脚时应注意什么问题?
5. 制作元件时,应将元件放在图纸的什么地方?

6. 如何让管脚名称带上"—"(非)号?

7. 制作原理图元件时,需不需要在图纸上放置元件的属性信息? 为什么?

8. 如何进行元件的规则检查?

9. 如何在原理图中使用自己制作的元件?

10. 新建一个 PCB 项目,在该项目下新建一个原理图库文件,在该库文件中制作图 3-30 所示的元件。其中,图 3-30(d)中,元件 SL73J 的电源脚 VDD 为 4 号脚,地脚 GND 为 11 号脚;图 3-30(e)中,元件 OC38AN 的电源脚 VCC 为 14 号脚,地脚 GND 为 7 号脚。这两个元件的电源脚和地脚都是隐藏管脚。

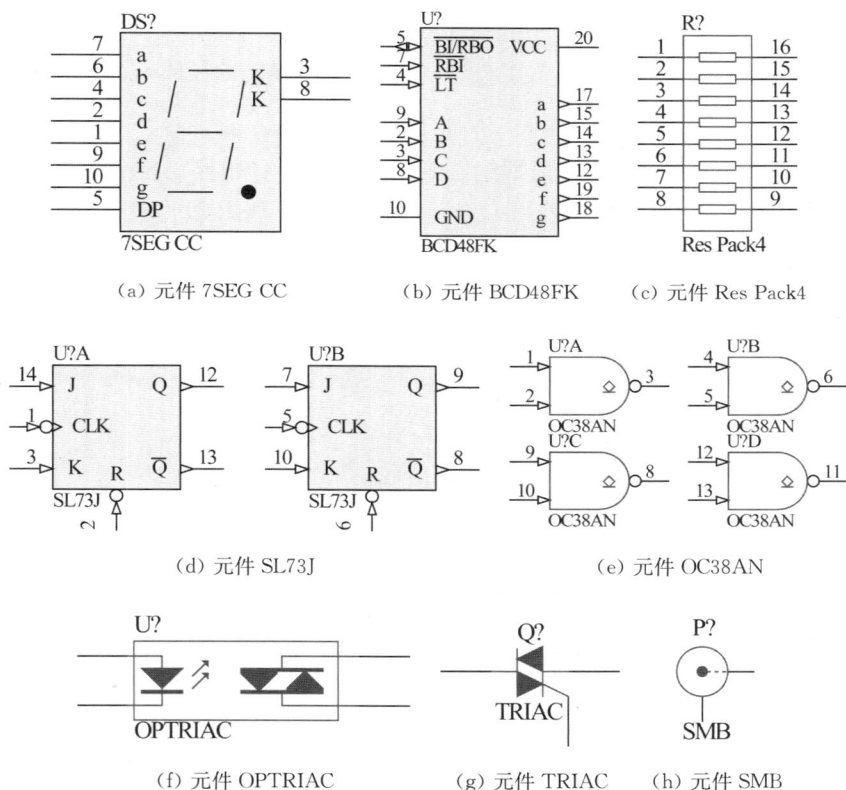

(a) 元件 7SEG CC　　　(b) 元件 BCD48FK　　(c) 元件 Res Pack4

(d) 元件 SL73J　　　　　　(e) 元件 OC38AN

(f) 元件 OPTRIAC　　　(g) 元件 TRIAC　　(h) 元件 SMB

图 3-30　各元件示意图

项目四 | 印制电路板设计

项目描述

本项目通过 14 个任务,介绍根据绘制好的原理图设计电路板的整个过程。首先介绍 PCB 设计的相关基础知识,接着用一个例子详细介绍 PCB 设计过程,最后介绍 PCB 生产文件的输出。

项目目标

（1）掌握 PCB 设计中各种层及其作用。

（2）了解 PCB 设计常用的抗干扰措施。

（3）熟悉 PCB 编辑器及其各种常用操作。

（4）能熟练设置 PCB 设计中的常用设计规则。

（5）能熟练手工规划 PCB 板框。

（6）熟练规划 PCB 板层。

（7）熟悉 PCB 设计流程,能按要求完成双面板设计。

（8）能输出成各种 PCB 生产文件。

微课视频

微课 1　PCB 设计流程

微课 2　导入原理图设计信息

微课 3　PCB 编辑器的组成

微课 4　板框

微课 5　设置 PCB 电气规则

微课 6　设置 PCB 布线规则

微课 7　自动布线的策略设置和操作

微课 8　调整与优化布线

微课 9　PCB 设计优化

项目四　微课视频

任务 1　认识元件封装

元件封装又称为 PCB 元件封装,是指元件在电路板上的安装位置,包括元件的轮廓线和用于安装元件、连接元件管脚的焊盘。可见,元件封装只是元件的轮廓和焊盘的位置,它仅仅是一个空间概念,因此不同的原理图元件可以使用同一个元件封装。Altium Designer 15 中使用的是系统集成库,它已为每一个原理图元件指定了相应的元件封装。

元件的封装形式可以分为两大类,即插入式元件(或针脚式元件)封装和表面粘贴式(SMT)元件(简称表贴式元件)封装。对于插入式元件封装,在安装元件时,必须将元件管脚插入元件封装的焊盘孔,在电路板的另一面进行管脚焊接。可见,插入式元件封装的焊盘贯穿了整个电路板,其焊盘必须放置在多层(multi-layer)上。而对于表贴式元件封装,安装元件时其焊盘贴在电路板的表面,所以它的焊盘必须放在电路板的顶层或底层,一般在电路板的顶层。图 4-1 为两种封装示意图。

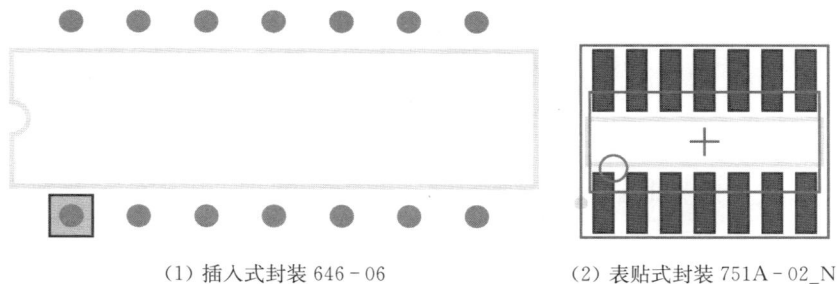

(1) 插入式封装 646-06　　　　　(2) 表贴式封装 751A-02_N

图 4-1　PCB 元件封装

任务 2　认识电路板的板层

Altium Desginer 15 的 PCB 包括多种类型的层,如信号层、内部电源/接地层、机械层、屏蔽层、丝印层等。

1. 信号层(signal layers)

信号层主要用于布线。在 Protel DXP 2004 SP2 中,最多可设置 32 个信号层,包括顶层、底层和 30 个中间层(mid-layer1～mid-layer30)。在双面板中,顶层主要用于放置元件,称为元件层或元件面,当然,顶层也可以布线;底层主要用于布线和焊接元件,称为布线层或焊锡面,当然,必要时也可放置元件。对于单面板,顶层只能放置元件,不能布线。

2. 内部电源/接地层(internal plane layers)

内部电源/接地层简称为内电层,主要用于铺设电源线和地线,可以提高电路板抗电磁干扰(EMI)能力和稳定性。在 Protel DXP 2004 SP2 中,最多可设置 16 个内电层。

3. 机械层(mechanical layers)

机械层是规划电路板的轮廓(物理边界)、外形尺寸,以及电路板制作、装配所需信息的层面。在 Altium Designer 15 中,最多可设置 16 个机械层。

4. 屏蔽层(mask layers)

屏蔽层是助焊层(paste mask layers)和阻焊层(solder mask layers)的总称,包括顶层助焊层、底层助焊层和顶层阻焊层、底层阻焊层 4 个层。电路板上,在助焊层焊点位置涂覆一层助焊剂,可提高焊盘的可焊性。阻焊层的作用与助焊层相反,它留出焊点的位置,用阻焊剂将电路板的其他位置覆盖住。由于阻焊剂能防止焊锡粘附,焊接时可以防止焊锡溢出落在不希望着锡的部位,避免造成短路。可见,在电路板上这两种层是一种互补关系。

5. 丝印层(silkscreen layers)

丝印层包括顶层丝印层(top silkscreen layer)和底层丝印层(bottom silkscreen layer)。它的作用就是标识电路板上的元器件,如通过它可以在电路板的顶层或底层印上一些文字或符号,如元件标号、元件外形轮廓、公司名称等。设计电路板时,需要在哪一个层面显示相关信息,就必须打开相应的丝印层。如果两面都要显示,那么必须同时打开两个丝印层。

6. 其他层(other layers)

其他层主要包括下面这些:

1) 禁止布线层(keep-out layer)

禁止布线层用于定义放置元件和导线的区域范围,它定义了电路板的电气边界。在进行自动布线时,元件和导线必须放置在禁止布线层划定的区域内。

2) 钻孔引导层(drill guide layer)和钻孔视图层(drill drawing layer)

钻孔引导层和钻孔视图层是两个提供钻孔图和钻孔位置信息的层。钻孔引导层主要是为了与老的电路板制作工艺兼容而保留的层,用于提供钻孔信息。对于现代制作工艺而言,更多的是通过钻孔视图层提供钻孔参考文件。

3) 多层(multi-layer)

多层代表所有的信号层,在多层上放置的图件会自动放置到所有的信号层上。在电路板中,插入式焊盘和过孔就放在多层上。

任务3　认识焊盘和过孔

1. 焊盘(pad)

在安装元件时焊盘用于焊接元件的管脚,并实现导线和元件的管脚的电气连接。焊盘有插入式和表贴式两种类型。

插入式焊盘有孔化和非孔化两种,孔化焊盘的焊盘孔内壁上敷设金属铜,除了具有焊盘的作用之外,还具有过孔的作用;非孔化焊盘的焊盘孔内壁上没有敷设金属铜,不能作为过孔使用。

Altium Designer 15 的元件库中给出了一系列大小和形状不同的插入式焊盘,有圆形、方形、八角形焊盘等。选择元件焊盘的类型时必须综合考虑该元件的形状、大小、布置形式、振动和受热情况、受力方向等因素。在需要时可以使焊盘的长和宽的尺寸不一样,这样又衍生出长圆形、矩形和长八角形焊盘。各种不同类型的插入式焊盘形状如图 4-2 所示。对于发热严重、受力较大的焊盘,在设计电路板时应添加泪滴。

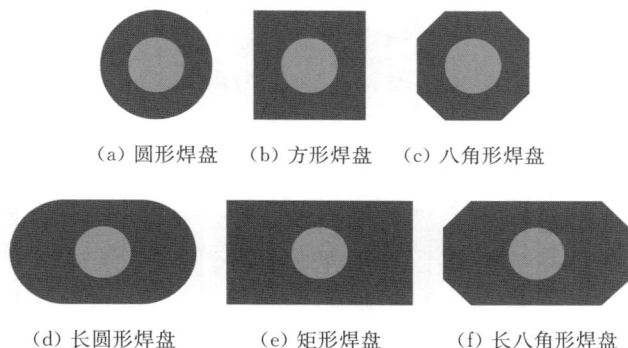

(a) 圆形焊盘　　(b) 方形焊盘　　(c) 八角形焊盘

(d) 长圆形焊盘　　(e) 矩形焊盘　　(f) 长八角形焊盘

图 4-2　插入式焊盘类型

插入式圆形焊盘的大小是指焊盘的直径(D)和内孔的孔径(d),如图 4-3 所示。焊盘孔径的确定,必须从元件管脚直径和尺寸公差、焊锡层厚度、孔径公差、孔的金属电镀层厚度等几个方面综合考虑。焊盘的孔径一般不小于 0.6 mm,孔径小于 0.6 mm 的孔不易加工。通常情况下,以元件的金属管脚直径值加上 0.2 mm～0.4 mm 作为焊盘孔径。

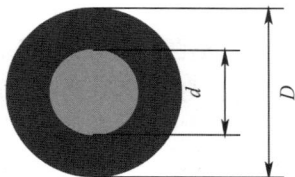

图 4-3　圆形焊盘的直径和孔径

当焊盘直径为 1.5 mm 时,为了增强焊盘的抗剥能力,可采用长度不小于 1.5 mm、宽度为 1.5 mm 的长圆形焊盘,此种焊盘在集成电路中很常见。

从有利于生产的角度出发,在一块电路板上一种焊盘直径最好对应着一种焊盘孔径,尽量不要出现一种焊盘直径对应好几种孔径,或一种孔径对应着几种焊盘直径的情况。例如,电路板上直径为 60 mil 的焊盘有些孔径为 30 mil,有些为 28 mil;或者孔径为 30 mil 的焊盘,有些直径为 60 mil,有些为 65 mil。这将不利于电路板的生产。

2. 过孔(via)

过孔的形状和圆形焊盘相似,它是多层印制板的重要组成部分。生产电路板时,钻孔的费用通常占整个 PCB 制板费用的 30%～40%。从作用上来看,过孔可以分成两大类:一类可用作各层之间的电气连接;另一类可用于元件的固定和定位。从工艺制程上来看,过孔可分为三类,即通孔(through via)、盲孔(blind via)和埋孔(buried via)。

通孔穿透整个电路板的所有板层,可用于实现顶层和底层的电气互连,或作为元件的安装定位孔。通孔在工艺上易于实现,成本较低,在电路板中使用最广泛。

盲孔位于印制电路板的顶层或底层表面,用于实现电路板的表层导线和某一个内层导线的连接。

埋孔位于印制电路板的内部,用于实现两个内层导线的电气连接,它不会延伸到电路板的表面。

过孔的大小由两个尺寸决定,一是过孔的钻孔(drill hole)直径,称为孔径;二是钻孔周围焊盘区的直径,称为过孔直径。

在进行高速、高密度的 PCB 设计时,设计者总是希望过孔越小越好,这样就会在电路板上留出更多的布线空间;而且,过孔越小,其自身的寄生电容也越小,其更适合用于高速电路。但是,过孔的尺寸减小,也会使制板成本增加。而且过孔的尺寸不可能无限制地减小,它受到钻孔和电镀等工艺技术的限制:孔越小,加工难度越大,需要花费的时间就越多,也越容易偏离中间位置;当孔的深度超过钻孔直径的 6 倍时,就无法保证孔壁能均匀镀铜,所以,钻孔的直径必须大于孔深的六分之一。一般 PCB 厂家能提供的钻孔直径最小只能达到 8 mil。

任务 4　了解电路板的抗干扰措施

1. 电源线设计

根据电路板的允许电流,尽量加粗电源线宽度,从而减小环路电阻。同时,要使电源线、地线的走向和信号流方向一致,这样有利于增强抗噪声能力。

2. 地线设计

(1) 数字地与模拟地分开。若电路板上既有逻辑电路又有模拟电路,应使它们尽量分开。信号频率小于 1 MHz 的低频电路应尽量采用单点并联接地,实际接线有困难时,可部分串联后再并联接地。高频电路宜采用多点串联接地,地线应短而粗,高频元件周围尽量使用栅格状的大面积敷铜。

(2) 接地线应尽量加粗。接地线若太细,接地电位会有明显的波动,使抗噪声性能降低。因此,应将接地线加粗,使它能通过 3 倍的印制电路板的允许电流。如有可能,接地线宽度应在 2～3 mm 以上。

(3) 使接地线构成闭环路。只由数字电路组成的印制电路板,使其地线构成闭环,能提高抗噪声能力。

3. 使用大面积敷铜

印制电路板上的大面积敷铜有两种作用：一是散热，二是可以减小地线阻抗，并且屏蔽电路板的信号交叉干扰，以提高电路系统的抗干扰能力。使用敷铜时要注意，在使用大面积的实心敷铜时，应在敷铜区内部开窗口，因为电路板的基板和铜箔之间的黏合剂长时间受热，会产生挥发性气体，若使用大面积实心敷铜，将会使得所产生的气体无法排出，热量不易散发，致使铜箔膨胀脱落。为避免这种情况出现，可选择使用栅格状的敷铜。

任务5　熟悉电路板设计流程

完成原理图设计后，就可以进行 PCB 设计了。PCB 设计一般包括图 4-4 所示的几个步骤。

图 4-4　PCB 的设计流程

1. 规划电路板

在绘制印制电路板之前，用户要对电路板有一个初步规划，比如，确定电路板的形状和尺寸、使用的板层和板层数量等。

2. 设置参数

设置参数是电路板设计的非常重要的步骤。设置参数主要是设置元件的布局参数、层参数、布线参数等。一般来说，大多数参数采用其默认值即可。

3. 导入原理图设计信息

就是将原理图的电路信息转换为 PCB 的电路信息，主要包括元件（components）和网络（nets）的转换。

4. 元件布局

所谓布局，就是将元件摆放到电路板的合适位置上。元件布局有自动布局和手工布局两种操作方式，自动布局是指使用 Protel DXP 2004 SP2 的自动布局器，按照一定的算法，对元件进行布局；手工布局是指用户亲自动手，将元件摆放到合适的位置上。自动布局的速度快，但难以得到满意的结果；手工布局速度相对较慢，布局的效果取决于设计者的知识和经验水平。对于简单的电路，一般采用手工布局；而对于复杂的电路，可采用自动布局和手工调整的方法。元件的布局非常重要，布局效果不好，既会降低电路板的性能和抗干扰能力，又会影响后面的布线。

5. PCB 布线

完成元件布局后，就可以进行布线了。电路板的布线就是将元件管脚之间的连接飞線轉換為銅膜導線。布線有自動布線和手工布線之分，自動布線是指使用自動布線工具進行布線，用戶只需在自動布線前設置好布線規則就可以了，所以速度非常快，但布線的效果很難達到最佳；而手工布線則是指用戶親自動手，逐一將連接飛線轉換為銅膜導線，速度比較慢，布線的效果取決於設計人員的知識和經驗水平。對於比較複雜的電路，可以採用先自動布線，再手工調整的方法。

6. 保存及打印

完成設計後，將設計結果保存起來，用打印機打印輸出 PCB 圖。

任務6　認識 PCB 編輯器

如圖 4-5 所示，PCB 編輯器由菜單欄、工具欄、工作面板、狀態欄、面板管理中心、工作區、板層選項卡區等組成。

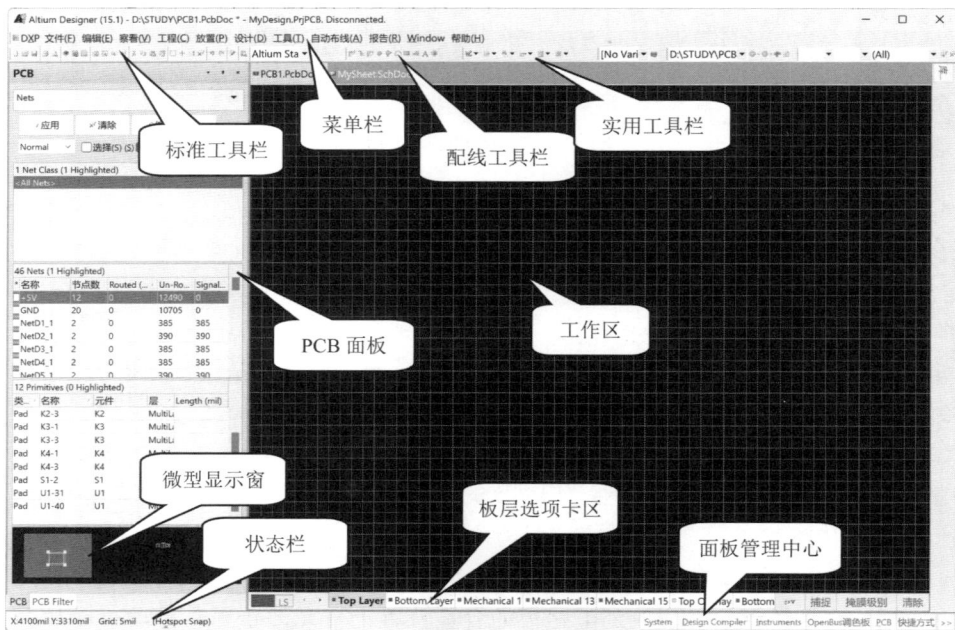

图 4-5　PCB 編輯器

1. 菜單欄

菜單欄有文件、編輯、察看、工程、放置、設計、工具、自動布線、報告等菜單，存放著文件操作以及 PCB 布局、布線的相關命令，自動布線菜單是 PCB 編輯器所獨有的。

2. 工具欄

包括標準工具欄、配線工具欄、實用工具欄、過濾器和快速導航器等。

082

1）标准工具栏

标准工具栏可用于文件操作、画面操作，以及图件的剪切、复制、粘贴、选择、移动等常用操作。

2）配线工具栏

配线工具栏用于放置导线、焊盘、过孔、圆弧、矩形填充、铜区域、敷铜等，此外还可以放置元件、字符串等。

3）实用工具栏

实用工具栏有六个子工具栏，分别是应用工具、排列工具、查找选择、放置尺寸、放置Room空间和栅格设置等。

3．工作面板

大部分工作面板与前面的原理图编辑器相同，其中PCB面板是PCB编辑器独有的工作面板，面板上有Nets、Components等13种对象及一些按钮和复选项。利用该面板可以按照网络、元件等对象对PCB进行浏览和编辑。

图4-6（a）、（b）分别为选择Nets（网络）、Components（元件）时的PCB面板。在PCB面板上选中各种对象后，这些对象将在工作区高亮显示出来。在PCB面板的下方有一个微型窗口，该窗口示意地显示PCB在工作区中的位置，将鼠标光标放在微型窗口的白色矩形框上，按住鼠标左键拖动，可以移动工作区中的PCB。

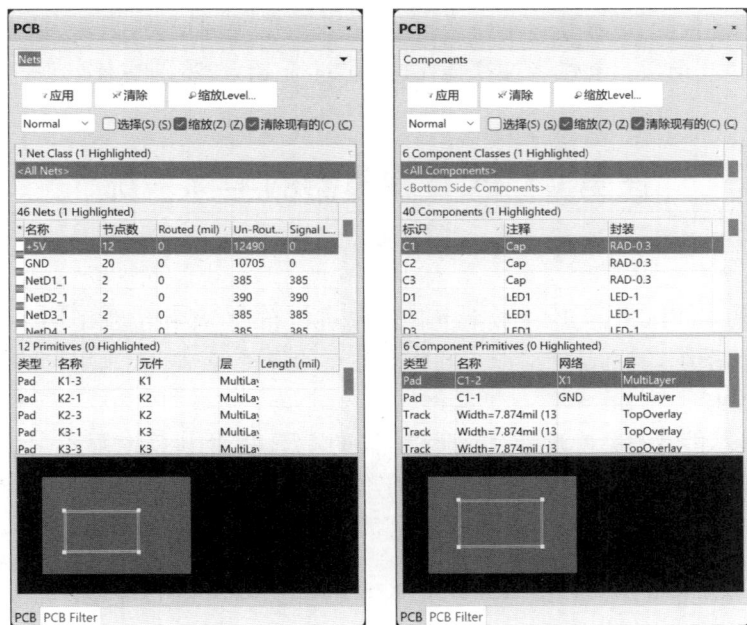

（a）网络　　　　　　　（b）元件

图4-6　PCB面板

PCB面板上的各个复选项和按钮的作用如下：

【选择】：选中该复选项，则PCB面板上选择的对象在高亮显示的同时，还将处于被选中的状态。

【缩放】：选中该复选项时，系统将自动调整显示比例，将 PCB 面板上选择的对象最大化显示在工作区中。

【清除现有的】：选中该复选项，则每次在 PCB 面板上选择新对象时，上一次选择的对象将退出高亮状态；不选该项时，每次选择的对象都处于高亮状态，依次累积。

【应用】：在更改 PCB 面板上的参数或复选项后，点击该按钮可进行刷新，使用新设置的功能。

【清除】：点击该按钮将清除工作区的屏蔽状态。

4. 状态栏

用于显示当前鼠标光标在工作区的坐标和捕获网格的大小。其中工作区的坐标的原点在工作区的左下角。执行菜单命令【察看】→【状态栏】，可以打开或关闭状态栏。

5. 面板管理中心

用于开启或关闭各种工作面板。当用户不小心搞乱了工作面板时，通过执行菜单命令【察看】→【桌面布局】→【Default】，即可恢复初始界面。

6. 工作区

工作区是进行 PCB 设计的地方，所有设计工作都在这里进行。

7. 板层选项卡区

在工作区的下方有一些标签，这些标签就是 PCB 的板层选项卡。在 PCB 中，各种图件都是分层放置的，要在某一个层放置一个图件，首先要用鼠标点击该层的板层选项卡，将其切换为当前层。初学者往往会在这一点上犯错，应特别注意。

任务 7　PCB 编辑器的坐标系统

在 PCB 的工作区中，无论是放置元件还是进行布线，都和位置密切相关，所以应熟悉 PCB 的坐标系统，特别是绝对原点和相对原点的设置，公制、英制单位的切换等。

1. 显示坐标

坐标的显示由状态栏实现，它位于编辑器的左下角，用于实时显示鼠标光标在工作区中的坐标值和 PCB 的捕获栅格值，英制单位为 mil，公制单位为 mm，如图 4-7 所示。执行菜单命令【察看】→【状态栏】，可以切换状态栏的开启和关闭状态。

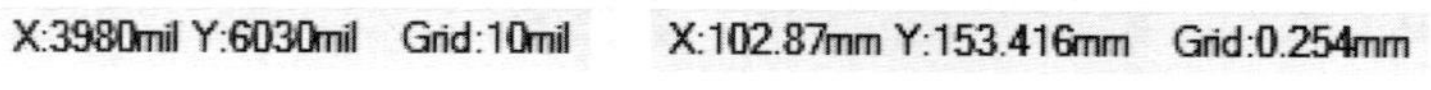

X:3980mil Y:6030mil　Grid:10mil	X:102.87mm Y:153.416mm　Grid:0.254mm
（1）英制单位	（2）公制单位

图 4-7　状态栏

公制、英制单位的切换可在 PCB 板选择项对话框中设置，但最简单的方法是按下快捷键 Q 实现切换。

2. 绝对原点和相对原点

系统默认的原点在工作区的左下角,该原点称为绝对原点。但绝对原点的存在不方便我们看图和计算尺寸,所以在设计 PCB 时,用户经常将原点设置在其他地方,称为相对原点。

设置相对原点的过程如下:

(1) 点击应用工具栏 ✍ ▾ 的设置原点工具⊗,在目标位置点击鼠标即可设置相对原点。

(2) 执行菜单命令【编辑】→【原点】→【设置】,光标变成十字形,将十字光标移到工作区的合适位置,点击鼠标左键,即可设置相对原点。

如果发现该原点位置还是不合适,那么重复上面操作,可更改相对原点的位置。

执行菜单命令【编辑】→【原点】→【复位】,可取消当前的相对原点,恢复绝对原点。

自动布局和自动布线都是以系统的绝对原点进行计算的,所以,用户最好将 PCB 布置在绝对原点右上方的不远处。在进行 PCB 设计时,为了计算的方便,可以将 PCB 的左下角设置为相对原点。

任务 8　设置常用 PCB 设计规则

合理的 PCB 设计规则可以有效保证设计的正确性,提高设计效率。Altium Designer 15 提供多种设计规则,常用的有间距规则、线宽规则、过孔规则、电源规则、差分间距规则等。

执行菜单命令【设计(D)】→【规则(R)...】,打开【PCB 规则及约束编辑器】对话框,如图 4-8 所示。

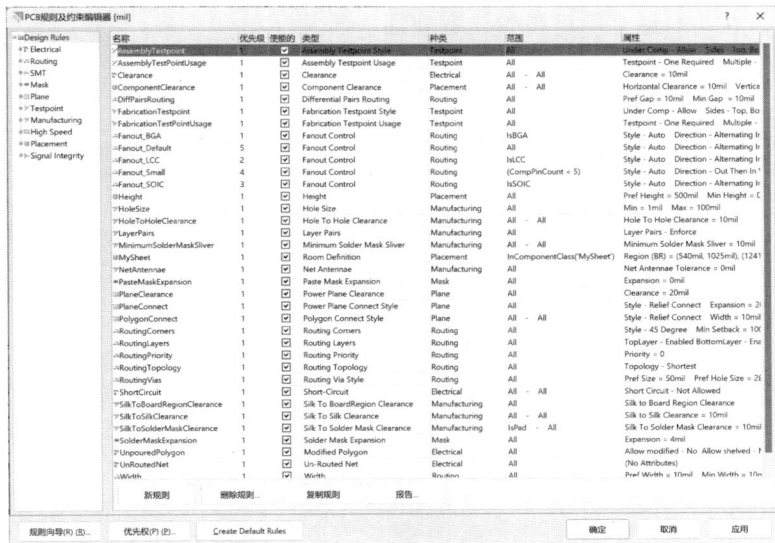

图 4-8　PCB 规则及约束编辑器

一、设置电气间距规则

在图 4-8 左边规则类别窗口展开【Electrical】→【Clearance】,打开电气间距设置界面,如图 4-9 所示,在该对话框中可设置电气间距规则。

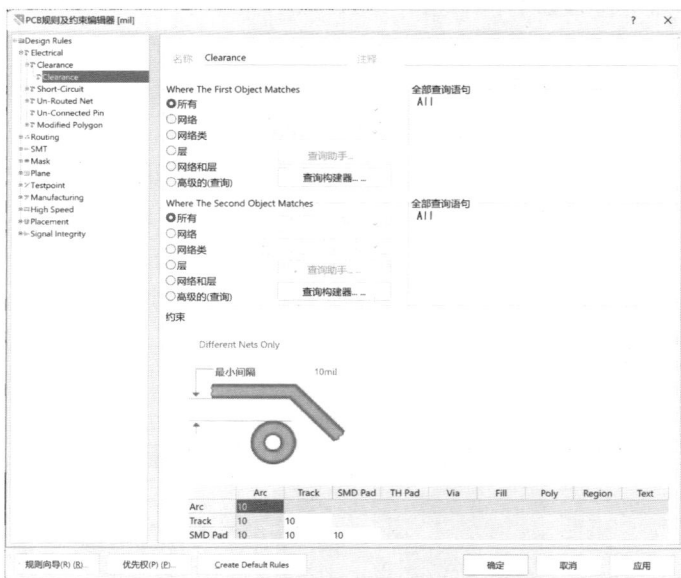

图 4-9　设置电气间距规则

二、设置线宽规则

在图 4-8 左边规则类别窗口展开【Routing】→【Width】,打开对象线宽设置界面,如图 4-10 所示,在该对话框中可设置线宽规则。

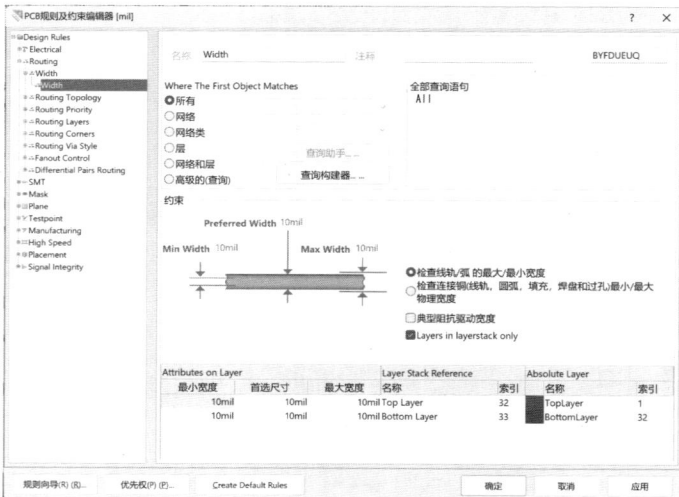

图 4-10　设置对象线宽规则

三、设置过孔规则

在图 4-8 左边规则类别窗口展开【Routing】→【Routing Vias】,打开过孔规则设置界面,如图 4-11 所示,在该对话框中可设置过孔规则。

图 4-11　设置过孔规则

四、设置元件间距规则

在图 4-8 左边规则类别窗口展开【Placement】→【Component Clearance】,打开元件间距设置界面,如图 4-12 所示,在该对话框中可设置元件间距规则。

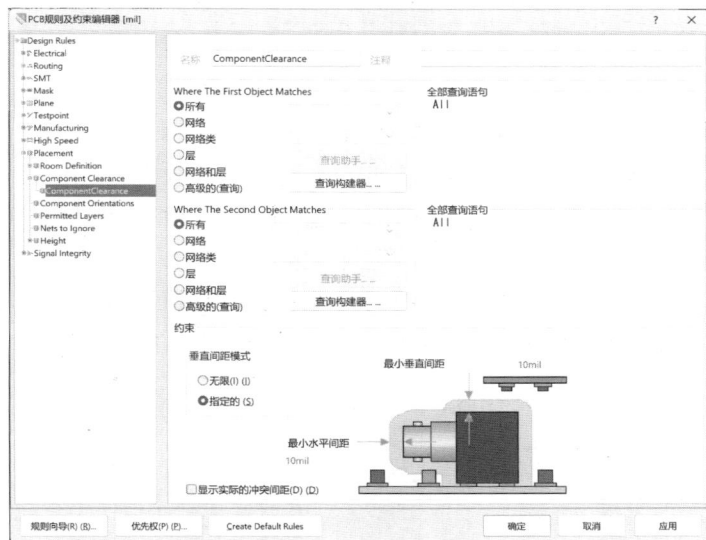

图 4-12　设置元件间距规则

任务 9　电源或地的合并

在进行原理图设计时,一些多子件 IC 的电源脚和地脚被隐藏起来了,例如一些集成门电路芯片、集成触发器芯片等。因此在绘制原理图时,这些隐藏的电源脚和地脚都没有接线,它们的网络标号就是管脚的名称,对于 TTL 集成电路,电源脚和地脚分别为 VCC 和 GND,对于 MOS 集成电路,电源脚和地脚分别为 VDD 和 VSS,在实际使用中,这些元件一般都使用＋5V 电源。而原理图上的其他 IC 元件的电源脚一般都使用＋5V 电源。这样,将原理图设计信息载入 PCB 编辑器后,就会出现使用相同电压的多个电源网络,例如＋5V、VCC、VDD 或者 GND、VSS 等。在布线时,＋5V、VCC 和 VDD 网络或者 GND 和 VSS 网络不会自动连接在一起,这就给 PCB 使用造成了麻烦。所以在进行 PCB 布线之前需要根据电路的实际情况,将＋5V、VCC 和 VDD 合并为一个网络,将 GND 和 VSS 合并为一个网络。

合并电源或地网络的方法是:打开 PCB 编辑器中的 PCB 面板,在面板第一个窗口中选择"Nets",在第二个窗口中选择"All Nets",此时,将在第三个窗口显示 PCB 上的所有网络。自上而下检查第三个窗口中是否同时出现＋5V 和 VCC 或 VDD 网络,如果同时出现,那么点击 VCC 或 VDD 网络,在工作区中,这些网络的焊盘将被高亮显示。逐一打开这些焊盘的属性对话框,在【属性】选项区的【网络】窗口,将焊盘的网络名称更改为＋5V,即可将这些焊盘合并到＋5V 网络。GND 和 VSS 的合并方法与此相同。

任务 10　规划电路板板框

电路板边界包括物理边界和电气边界,电气边界用于限定电路板布局和布线的范围,物理边界是电路板看得到的物理外形,也就是电路板的板框。

这里以规划 4 000 mil×3 000 mil 的矩形电路板为例,介绍如何规划电路板板框。

(1) 按下快捷键 Q,切换电路板度量单位为 mil。

(2) 点击栅格工具栏▦ ▼,在弹出的菜单中选择【设置跳转栅格(G)...】;或直接按下快捷键 G→G,打开【设置跳转栅格】对话框,如图 4-13 所示,将跳转步长设置为 1 000 mil。

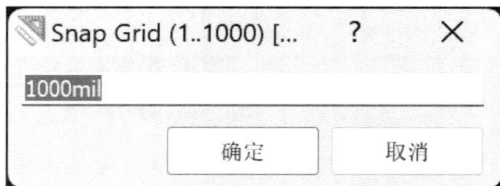

图 4-13　设置跳转步长

（3）点击应用工具栏🔽的设置原点工具⊗，在绘图区合适位置点击鼠标，确定绘图区的相对原点。

（4）点击绘图区下方的【mechanical1】板层选项卡，将机械层1切换为当前层。

（5）点击应用工具栏🔽的放置走线工具╱，移动十字光标，以相对原点为起点，绘制一个4 000 mil×3 000 mil的矩形，如图4-14所示。

图4-14 绘制好的板边界线

（6）框选板框，执行菜单命令【设计（D）】→【板子形状（S）】→【按照选择对象定义（D）】，完成后如图4-15所示。

图4-15 完成板框定义

对于形状复杂的电路板，可以使用应用工具栏🔽的其他工具绘制板框，还可以执行菜单命令【设计（D）】→【板子形状（S）】→【定义板剪切（C）】，进行内部剪切。

任务11 PCB层叠管理

Altium Designer 15新建的PCB默认为双面板，有顶层和底层两个布线层，对于复杂的电路，或对于抗干扰要求比较高的电路板，可能需要增加信号层或内电层，并对相关板层参数进行设置。

执行菜单命令【设计(D)】→【层叠管理(K)】，打开层叠管理对话框，如图 4-16 所示。

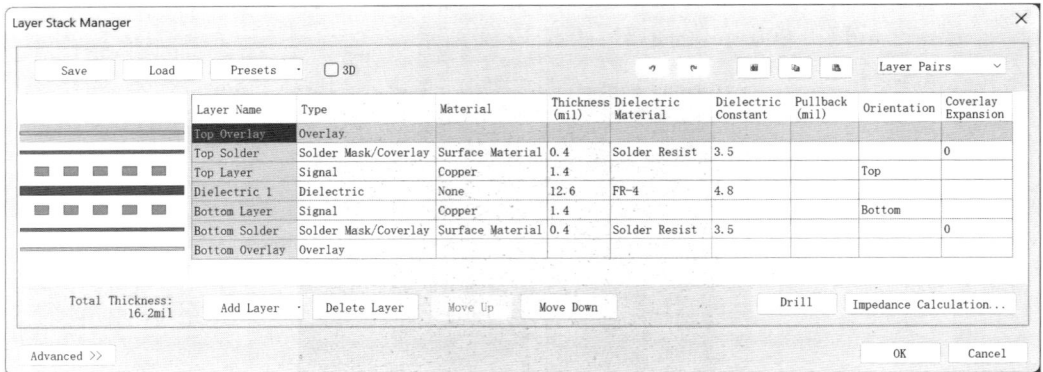

Layer Name	Type	Material	Thickness (mil)	Dielectric Material	Dielectric Constant	Pullback (mil)	Orientation	Coverlay Expansion
Top Overlay	Overlay							
Top Solder	Solder Mask/Coverlay	Surface Material	0.4	Solder Resist	3.5			0
Top Layer	Signal	Copper	1.4				Top	
Dielectric 1	Dielectric	None	12.6	FR-4	4.8			
Bottom Layer	Signal	Copper	1.4				Bottom	
Bottom Solder	Solder Mask/Coverlay	Surface Material	0.4	Solder Resist	3.5			0
Bottom Overlay	Overlay							

图 4-16　层叠管理对话框

对话框左侧用图形直观显示了 PCB 的叠层结构，右边表格显示了各层的参数，包括名称、类别、材料、厚度、介质材料等，双击某个参数，可对其进行修改。

点击对话框下方的【Add Layer】按钮，在弹出的菜单中可以选择【Add Layer】，添加信号层；或选择【Add Internal Plane】，添加内电层。选中某个板层，点击【Delete Layer】按钮，可以删除该层。图 4-17 显示了添加 VCC 和 GND 两个内电层，以及 Signal Layer 1、Signal Layer 2 两个信号层的对话框。

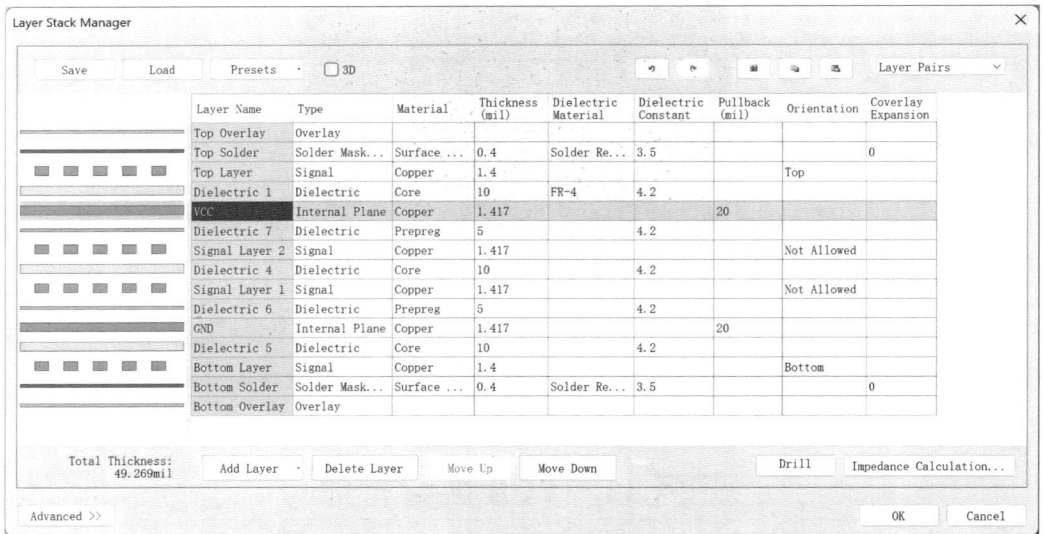

Layer Name	Type	Material	Thickness (mil)	Dielectric Material	Dielectric Constant	Pullback (mil)	Orientation	Coverlay Expansion
Top Overlay	Overlay							
Top Solder	Solder Mask...	Surface ...	0.4	Solder Re...	3.5			0
Top Layer	Signal	Copper	1.4				Top	
Dielectric 1	Dielectric	Core	10	FR-4	4.2			
VCC	Internal Plane	Copper	1.417			20		
Dielectric 7	Dielectric	Prepreg	5		4.2			
Signal Layer 2	Signal	Copper	1.417				Not Allowed	
Dielectric 4	Dielectric	Core	10		4.2			
Signal Layer 1	Signal	Copper	1.417				Not Allowed	
Dielectric 6	Dielectric	Prepreg	5		4.2			
GND	Internal Plane	Copper	1.417			20		
Dielectric 5	Dielectric	Core	10		4.2			
Bottom Layer	Signal	Copper	1.4				Bottom	
Bottom Solder	Solder Mask...	Surface ...	0.4	Solder Re...	3.5			0
Bottom Overlay	Overlay							

图 4-17　添加两个信号层和两个内电层的对话框

任务 12　熟练设计 PCB

本任务根据项目二绘制好的原理图，介绍 PCB 的设计过程。要求设计的电路板为非标矩形双面板，大小自定。

一、新建 PCB 文件并载入原理图信息

（1）在项目二建立的项目文件下新建一个 PCB 文件，保存在同一文件夹下，文件名为 MyPCB.PcbDoc。

（2）打开项目二绘制好的原理图 Mysheet.SchDoc，执行菜单命令【设计（D）】→【Update PCB Document MyPCB.PcbDoc】，弹出【工程更改顺序】对话框，如图 4-18 所示。

图 4-18　打开【工程更改顺序】对话框

该对话框分为"修改"和"状态"两个区，其中"修改"包含 Add Components（添加元件）、Add Nets（添加网络）、Add Component Classes（添加元件类）、Add Rooms（1）（添加房间）四项内容。

（3）点击【生效更改】按钮，此时"状态"区的"检测"列显示检测结果。如果全部显示"✅"符号，那么表示能正常转换，如图 4-19 所示。否则根据"消息"列显示内容完成修改后回到第（2）步。

（4）全部检测通过后，点击【执行更改】按钮，"状态"区的"完成"列显示执行情况。如全部显示"✅"符号，那么表示均已顺利完成转换，如图 4-20 所示。

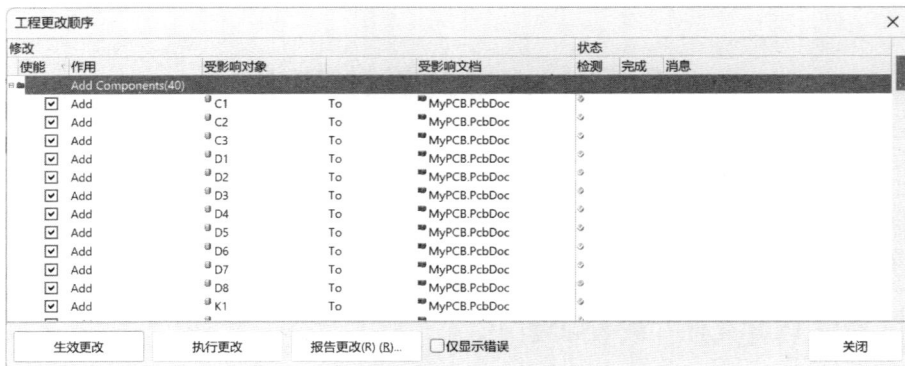

图 4-19　显示检测情况

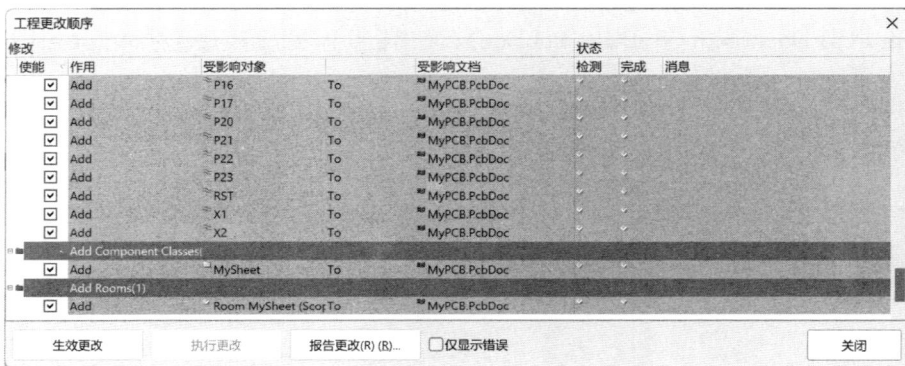

图 4-20　完成转换

（5）点击【关闭】按钮，此时自动打开 PCB 文件，工作区出现元件和网络，如图 4-21 所示。

图 4-21 彩图

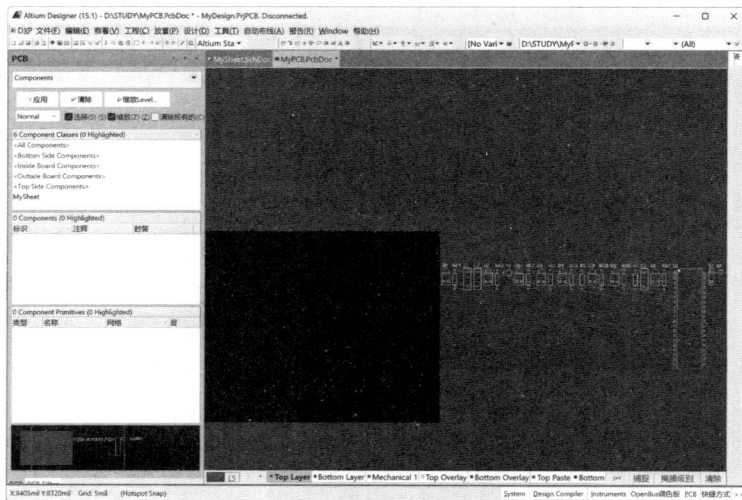

图 4-21　载入原理图信息后的 PCB 编辑器

二、设置 PCB 设计规则

1. 设置电气间距规则

将＋5V 和 GND 网络之间的间距设置为 20 mil,其他网络使用系统默认间距 10 mil,规则设置过程如下。

(1) 执行菜单命令【设计(D)】→【规则(R)...】,打开【PCB 规则及约束编辑器】对话框,在对话框左边规则类别窗口展开【Electrical】→【Clearance】,打开电气间距设置界面,此时显示已有一个名称为"Clearance"的默认电气间距规则,适用对象为全部网络,如图 4-22 所示。

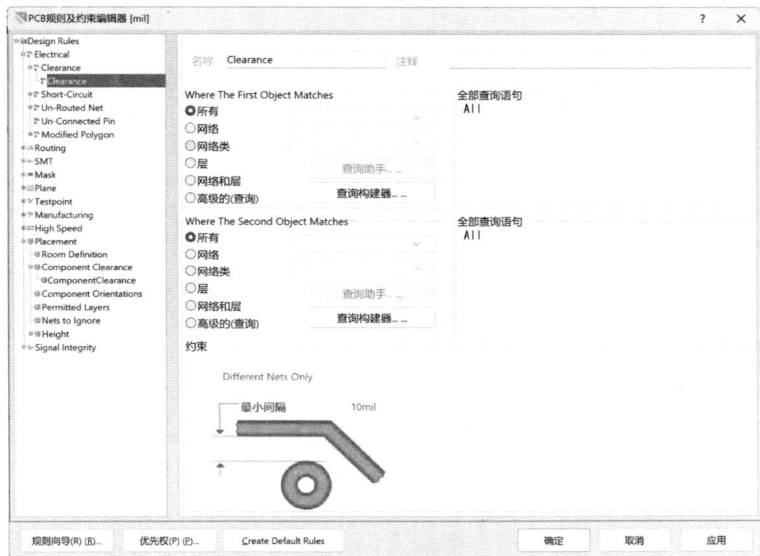

图 4-22 默认的电气间距规则

(2) 在左边规则类别窗口的"Clearance"类上右击鼠标,选择弹出菜单的【新规则(W)...】,如图 4-23 所示。新建一个默认名称为"Clearance_1"的间距规则。

图 4-23 新建电气间距规则

（3）打开新建的规则，设置规则内容。在名称窗口输入"＋5V－GND"；在【Where The First Object Matches】选项区选择【网络】单选项，并在右边窗口选择"＋5V"网络；在【Where The Second Object Matches】选项区也选择【网络】单选项，并在其右边窗口选择"GND"网络；在【约束】选项区，把最小间距更改为"20 mil"，如图 4-24 所示。

（4）点击左边规则类别名"Clearance"，此时显示有两个间距规则，如图 4-25 所示。

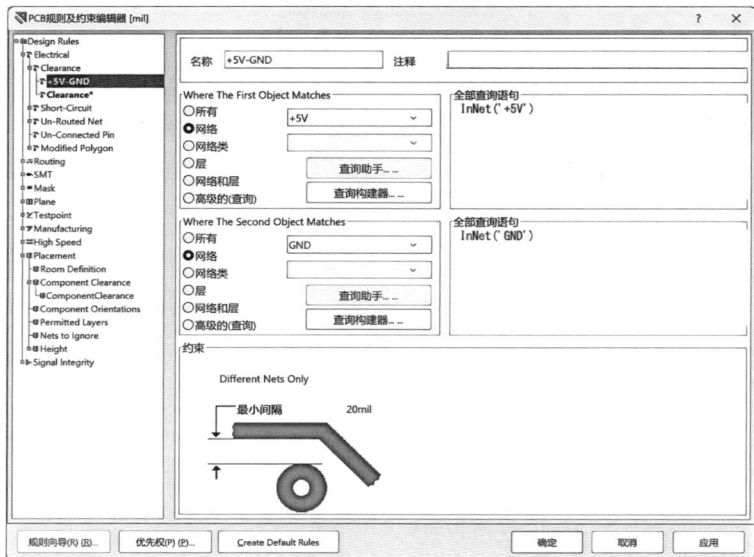

图 4-24　设置新电气间距规则参数

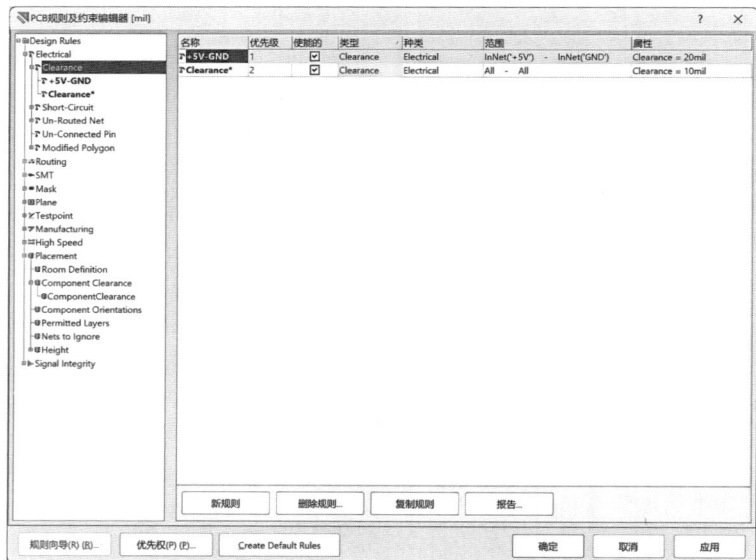

图 4-25　两个电气间距规则

　　原来默认的间距规则"Clearance"优先级为"2"，我们新建的间距规则"+5V-GND"优先级为"1"，优先级数字越小，级别越高。有些规则因适用对象问题，如优先级别设置不好，可能会产生冲突，此时我们可以点击下方【优先权(P)...】按钮，打开【编辑规则优先权】对话框，如图 4-26 所示。通过对话框下方【增加优先权(I)(I)】和【减少优先权(D)(D)】按钮来修改规则的优先权。

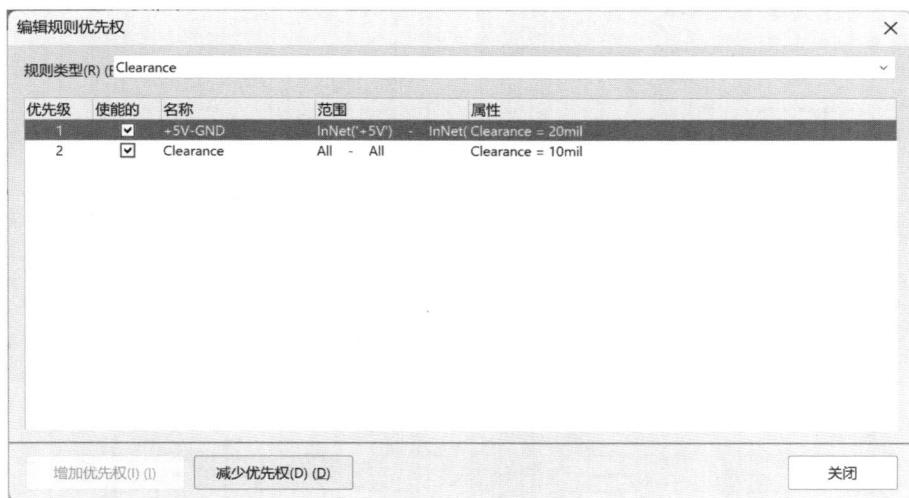

图 4-26　编辑规则优先权

　　2. 设置电源线和地线的线宽规则

　　电源线和地线承受比较大的电流，导线宽度相应也要增大，这里我们把电源线和地线的宽度范围均设置为 10～100 mil，优先使用 40 mil。过程与前面电气间距规则的设置过程相似，具体如下：

　　(1) 执行菜单命令【设计(D)】→【规则(R)...】，打开【PCB 规则及约束编辑器】对话框，在对话框左边规则类别窗口展开【Routing】→【Width】，打开线宽规则设置界面，此时显示已有一个名称为"Width"的默认线宽规则，此规则针对全部网络对象。

　　(2) 在左边规则类别窗口的"Width"类上右击鼠标，选择弹出菜单中的【新规则(W)...】，新建一个默认名称为"Width_1"的线宽规则。

　　(3) 打开新建的规则，设置规则内容。在名称窗口输入"+5V"；在【Where The First Object Matches】选项区选择【网络】单选项，并在右边窗口选择"+5V"网络；在【约束】选项区，把"Max Width"更改为"100 mil"，"Preferred Width"更改为"40 mil"，如图 4-27 所示。

　　(4) 用同样的方法新建一个规则，在名称窗口输入"GND"，在【Where The First Object Matches】选项区选择【网络】单选项，并在右边窗口选择"GND"网络；【约束】选项区内容与"+5V"网络的一样，如图 4-28 所示。

　　完成后显示有 3 个线宽规则，第一个是"GND"，优先级为"1"；第二个为"+5V"，优先级为"2"；第三个为"Width"，优先级为"3"，如图 4-29 所示。"GND"和"+5V"线宽规则对应不同网络,优先级不会产生冲突,但它们的优先级应该比"Width"高,否则将被"Width"线宽规则屏蔽,导致不起作用。

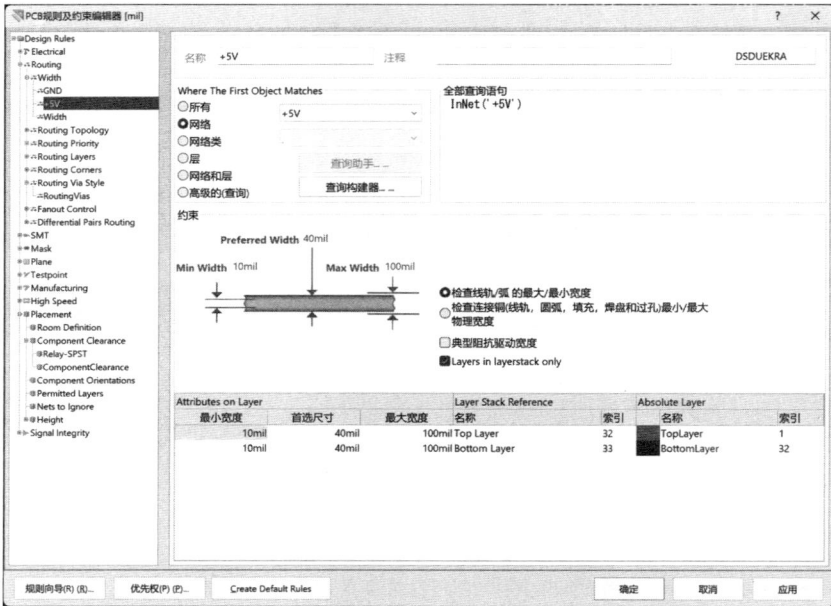

图 4-27　设置"+5V"线宽规则

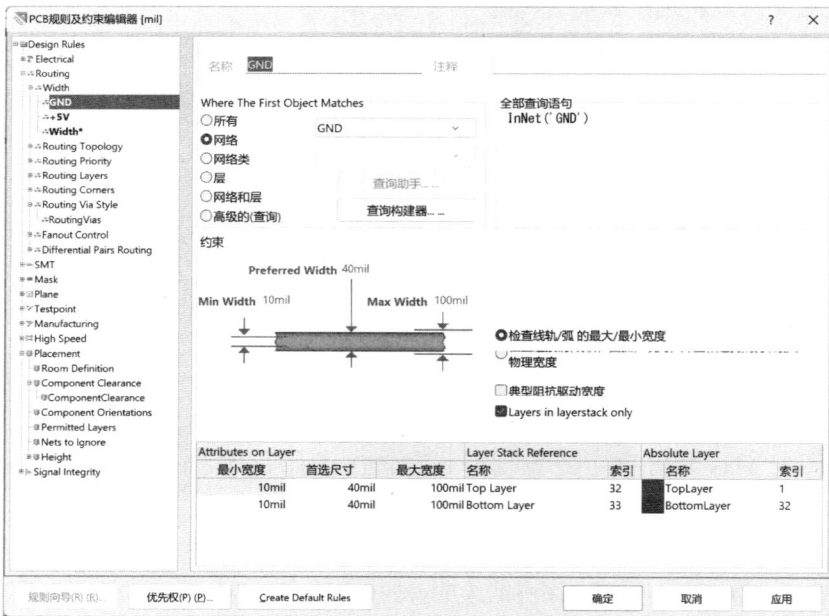

图 4-28　设置"GND"线宽规则

图 4-29 三个不同优先级的线宽规则

3. 设置元件间距规则

电路板上有些元件发热严重或会产生高频信号,会影响周围元件工作,因此需要增加这些元件间的距离。在布局电路板之前,需设置好元件间的间距规则,这样在布局时利用在线检测,可及时提醒设计人员。继电器为发热元件,这里将其作为例子,介绍如何设置元件间距规则。

1) 添加元件类

因为原理图有 4 个继电器,所以为了简化设置过程,首先把这 4 个继电器设置为一个元件类,再设置该元件类的间距规则,其过程如下:

(1) 执行菜单命令【设计(D)】→【类…(C)】,弹出【对象类浏览器】对话框,如图 4-30 所示。

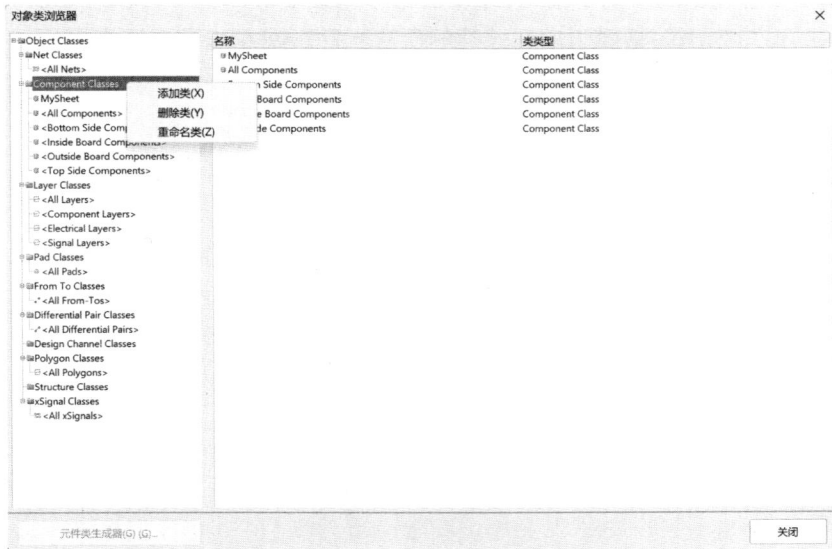

图 4-30 对象类浏览器

(2) 将光标放在左边窗口的【Component Classes】上点击鼠标右键,将弹出一个右键菜单,如图 4-30 所示。选中其中的【添加类(X)】,则在【Component Classes】下方将增加一个名称为"New Class"的元件类。

（3）将光标放在新建立的元件类"New Class"上点击鼠标右键，在弹出的右键菜单中选择【重命名类(Z)】，将新建的元件类改为"Relay-SPST"。改名后的对象类浏览器如图 4-31 所示。

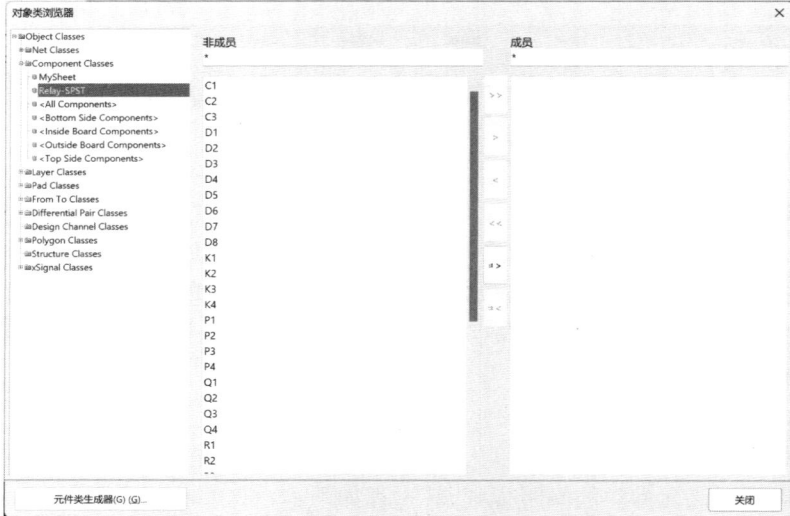

图 4-31　新建"Relay SPST"元件类

（4）此时，右边出现了两个窗口，靠左的窗口列出了 PCB 上不属于该元件类的所有元件，靠右的窗口列出的是属于该元件类的所有元件。在左边窗口选中要添加到该元件类的元件 K1，点击■按钮，将其添加到右边窗口。用同样的方法，将 K2、K3 和 K4 也添加到该元件类中，完成后的对象类浏览器如图 4-32 所示。

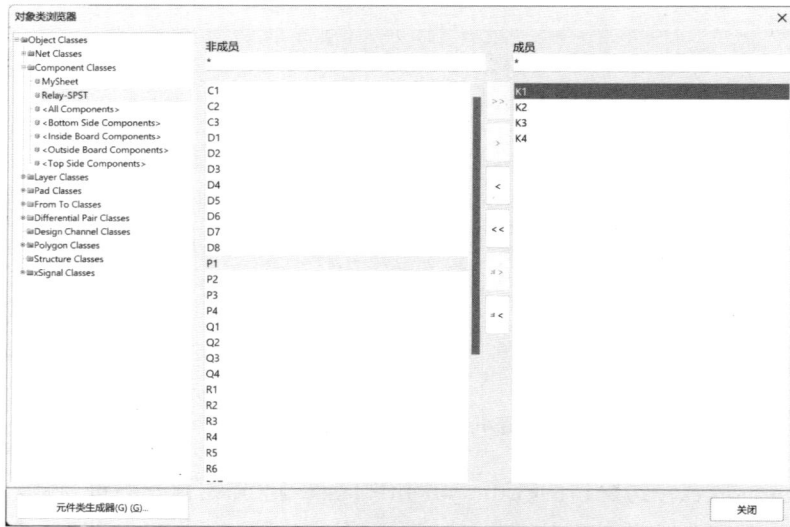

图 4-32　为"Relay SPST"元件类添加元件

2）设置元件间距规则

（1）执行菜单命令【设计（D）】→【规则（R）…】，弹出【PCB 规则及约束编辑器】对话框，在左边规则类别窗口展开【Placement】→【Component Clearance】，打开元件间距设置界面，如图 4-33 所示。

图 4-33 元件间距设置界面

（2）将光标放在左边窗口的【Component Clearance】上点击鼠标右键，将弹出一个右键菜单，选中其中的【新规则（W）…】，如图 4-33 所示，则在【Component Clearance】下方增加了一个名称为"Component Clearance_1"的元件间距规则。

（3）点击新建的元件间距规则，这时候的 PCB 规则及约束编辑器如图 4-34 所示。

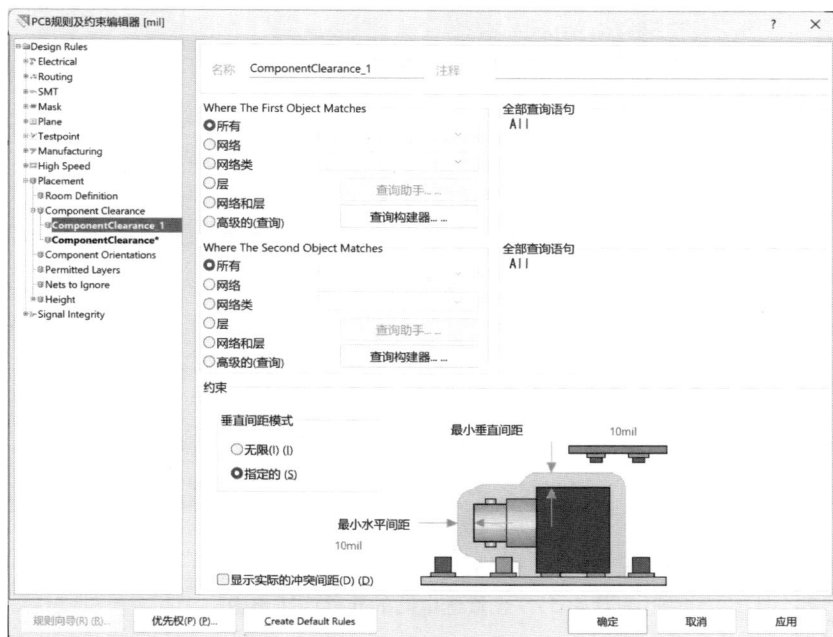

图 4-34 新建的元件间距规则

（4）点击【Where The First Object Matches】选项区中的【查询构建器...】按钮，弹出建立查询对话框。在该对话框的"条件类型/操作员"列中左击鼠标，选中"Belongs to Component Class"；在"条件值"列中点击鼠标左键，选中前面建立的元件类"Delay - SPST"，如图 4-35 所示。

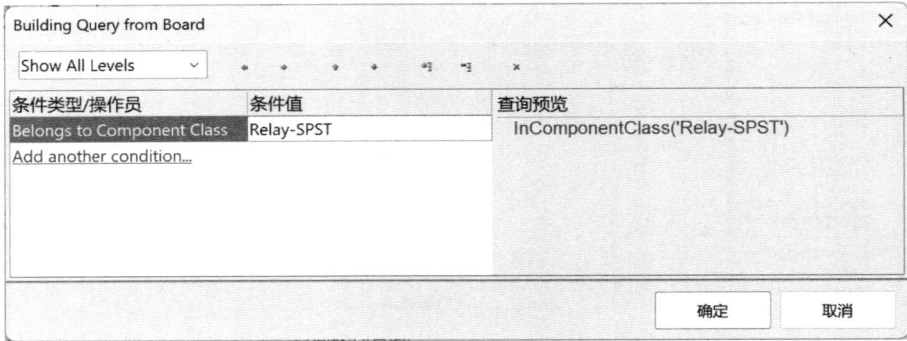

图 4-35　建立查询对话框

（5）点击【确定】按钮，返回 PCB 规则及约束编辑器。将编辑器中【约束】选项区的"最小垂直间距"和"最小水平间距"均设置为 50 mil，在【名称】窗口输入规则名"Relay-SPST"，如图 4-36 所示。

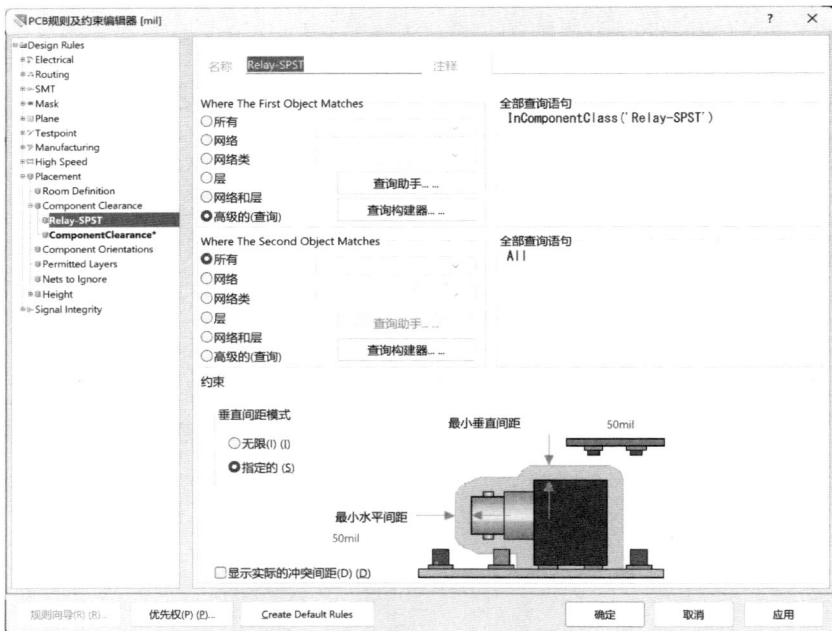

图 4-36　设置继电器的元件间距参数

（6）这样就完成了元件间距规则的设置，此时共有 2 个元件间距规则，分别是："Relay-SPST"，设置的是继电器和其他元件间的安全距离，为 50 mil；"Component Clearance",设置的是其他元件间的间距,默认值为 10 mil,如图 4-37 所示。"Relay-SPST"规则优先级应设置为"1",比"Component Clearance"高,否则就会被屏蔽。

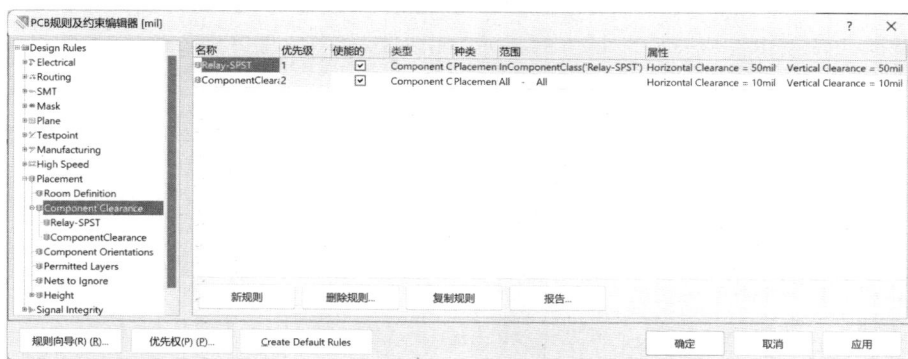

图 4-37　两个元件间距规则

三、电路板布局

1. 电路板布局应考虑的问题

(1) 进行电路板布局时应以原理图为参考,按照信号流的方向布置元件。

(2) 可将电路划分为几个小的功能模块。例如,本任务所涉及电路可划分为复位模块、时钟模块、发光二极管显示模块、继电器模块(共有 4 组继电器电路),核心元件是 U1。在布局时,每个模块或每一组电路的元件应放在一起,距离不要太远。由于 U1 跟其他几个小模块都有连接关系,因此应放在 PCB 的中间。

(3) 将插接件等放在电路板的边缘,以方便电路板插接线,按钮开关或可调电阻等元件的放置位置应方便操作。

(4) 发光二极管显示电路是整个电路的输出,它向用户提供电路的运行信息,它们应按规律排列摆放,不要搞乱次序,各个限流电阻应紧跟相应的发光二极管。

(5) 元件的摆放应尽量均匀而有层次感,功能分区明确。不要太疏,也不要太密,太疏会增大 PCB 的制造成本,而且会使连接导线太长,对电路板的电气性能有影响;太密会造成元件间、导线间相互干扰,而且会对后面的布线造成不利影响。

(6) 手工布局时,使用排列工具栏 ▤ ▼ 中的排齐工具,对元件进行排齐操作,既可以大大提高排列元件的效率,又能使元件的排列更为整齐、美观。

(7) 手工布局时,不要在同一板层使用翻转操作,因为在同一板层翻转元件,将使元件焊盘排列规律与原来的相反,造成元件安装后连接出错。

(8) 由于手工布局时经常要用到移动和旋转操作,因此可能使元件的编号或注释的放置方向颠倒,影响 PCB 的美观和使用的方便性。完成布局后,要检查元件编号、注释等文本信息的放置方向和位置,最好是文本信息只有一个放置方向,且有规律地放置在元件的周围。

本例电路比较简单,我们采用手工布局方式。

2. 元件布局

（1）打开绘制好的原理图文件"MySheet. SchDoc"和前面建立的电路板文件"MyPCB. PcbDoc"，执行菜单命令【Window】→【垂直平铺（Y）】，此时设计界面的原理图编辑器和 PCB 编辑器以垂直平铺方式显示，如图 4-38 所示。

图 4-38 彩图

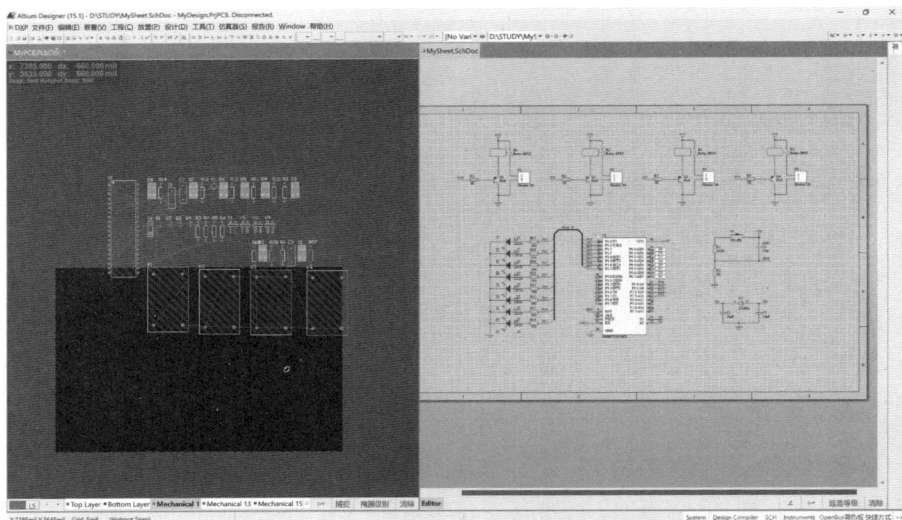

图 4-38　采用垂直平铺方式显示设计界面

原理图和 PCB 编辑器的操作是联动的，我们在原理图上选中某个元件，PCB 会同步选中这个元件。图 4-38 中，我们在原理图上选中了 8 个发光二极管，可以看到在 PCB 中这 8 个元件也同步被选中。

（2）元件 U1 是电路的控制核心，和周围其他元件有连线关系，把它放在 PCB 中间，可以减少连接导线的长度，故首先把它放到 PCB 中间，按空格键可调整方向。

（3）发光二极管支路布局。在原理图上分别选中 8 个发光二极管和对应的 8 个限流电阻，按排列顺序水平排放，放在 PCB 右上角，使第一组 D8 和 R14，第八组 D1 和 R07 在垂直方向对齐，如图 3-39 所示。

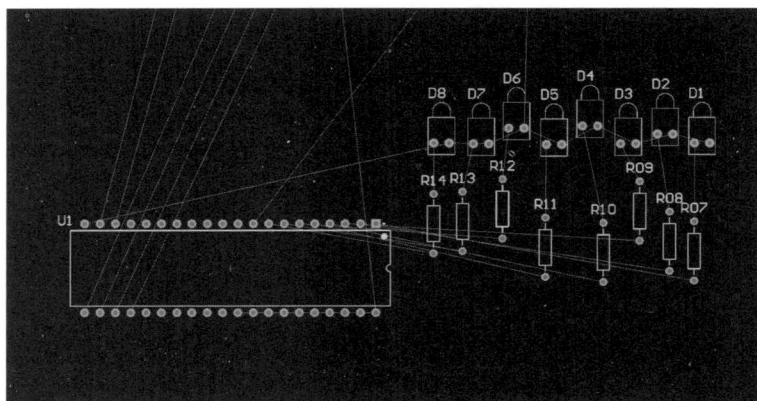

图 4-39　放置发光二极管及其限流电阻

选中 8 个发光二极管,点击排列工具栏 ≣ ▼ 中的顶端排齐工具 ⫿⫿,再点击水平均布工具 ⫶⫶,对 8 个发光二极管进行排齐。用相同方法对 8 个限流电阻进行排齐,排齐后效果如图 4-40 所示。

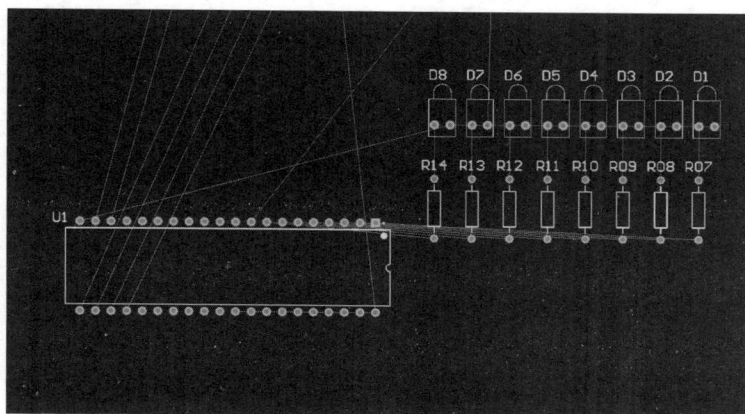

图 4-40　排齐发光二极管及其限流电阻

（4）4 组继电器电路布局。利用原理图和 PCB 联调功能,把 4 个插接件放到电路板左下角,每一组继电器电路的其他三个元件放在一起,如图 4-41 所示。

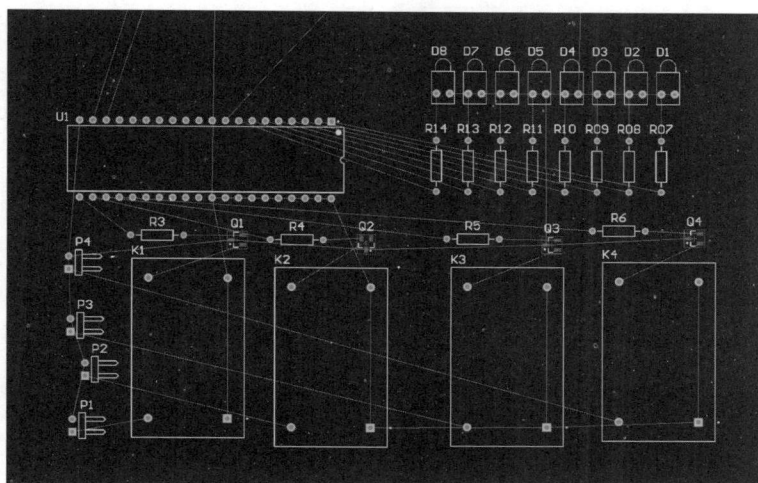

图 4-41　放置 4 组继电器电路

使用排列工具栏的相关排齐工具,对这 4 组电路进行排齐,结果如图 4-42 所示。

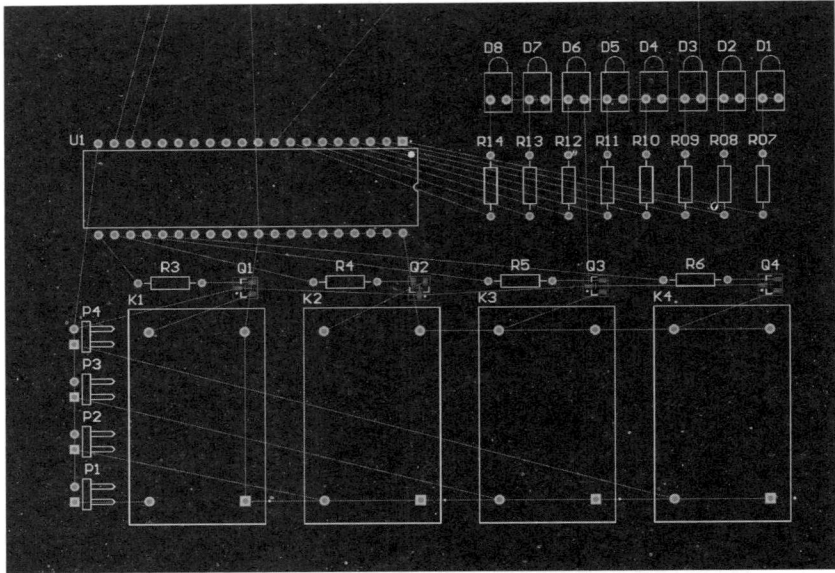

图 4-42　排齐 4 组继电器电路

（5）复位电路和时钟电路布局。在原理图上选中复位电路所有元件，在 PCB 中把它们拖到 U1 的 9 号焊盘附近；把剩下的时钟电路的所有元件拖到 U1 的 18、19 号焊盘附近，调整好位置和方向，最终布局效果如图 4-43 所示。

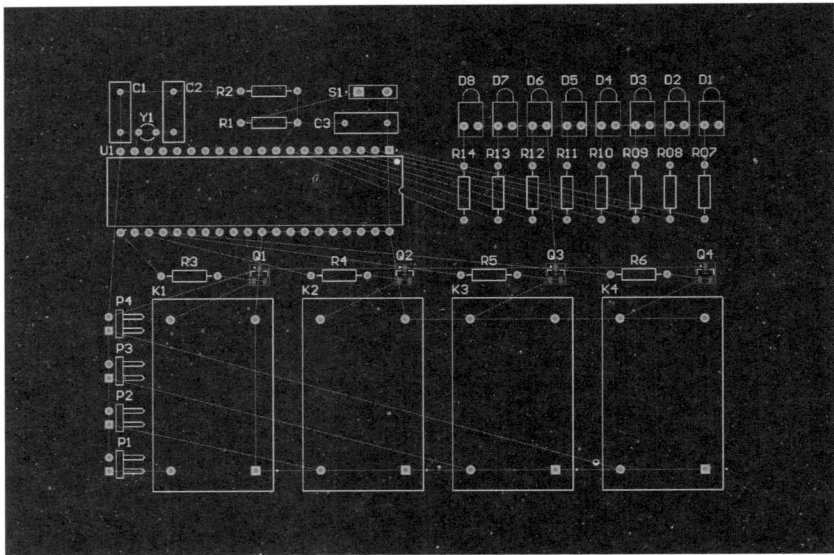

图 4-43　完成布局的电路板

布局过程中可能要旋转调整元件方向，这样可能会使得元件编号的方向、位置不合理，这时可通过旋转调整文本方向，再通过文本排齐操作，调整文本位置。方法是先选中要调整文本位置的元件，执行菜单命令【编辑（E）】→【对齐（G）】→【定位器件文本

（P)...】,打开【器件文本位置】对话框,在该对话框中设置元件文本的位置,如图 4-44 所示。

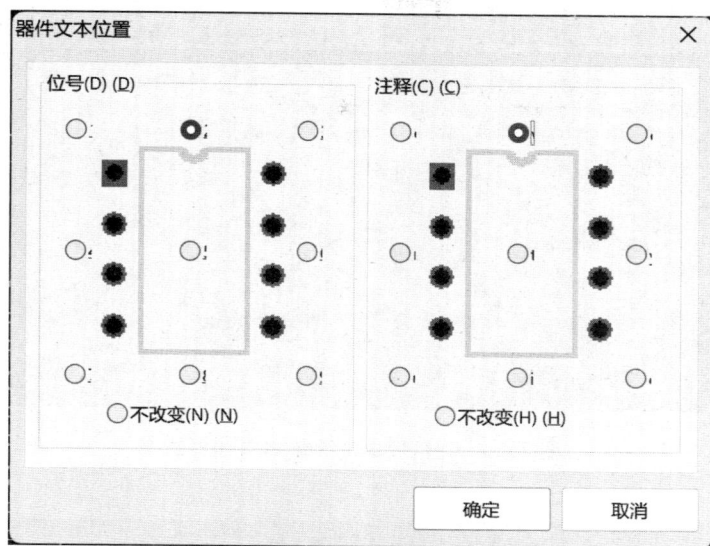

图 4-44　设置元件文本位置

四、规划电路板板框

这里我们设计的是非标矩形双面板,布局后根据需要规划 PCB 板框,过程如下:

（1）点击应用工具栏 ✍▼ 的设置原点工具 ⊗ ,在电路板左下角合适位置点击左键,确定相对原点位置。

（2）通过快捷键 G→G 打开对话框,设置跳转步长为 100 mil,如图 4-45 所示。设置好相对原点和跳转步长后的 PCB 如图 4-43 所示。

图 4-45　设置跳转步长

（3）点击绘图区下方的【Mechanical1】选项卡,将机械层 1 切换为当前层。

（4）点击应用工具栏 ✍▼ 的放置走线工具 ╱ ,从相对原点开始,绘制一个包含全部元件的闭合矩形边框,如图 4-46 所示。

（5）框选板框及其内部全部元件,执行菜单命令【设计(D)】→【板子形状(S)】→【按照选择对象定义(D)】,完成后如图 4-47 所示。

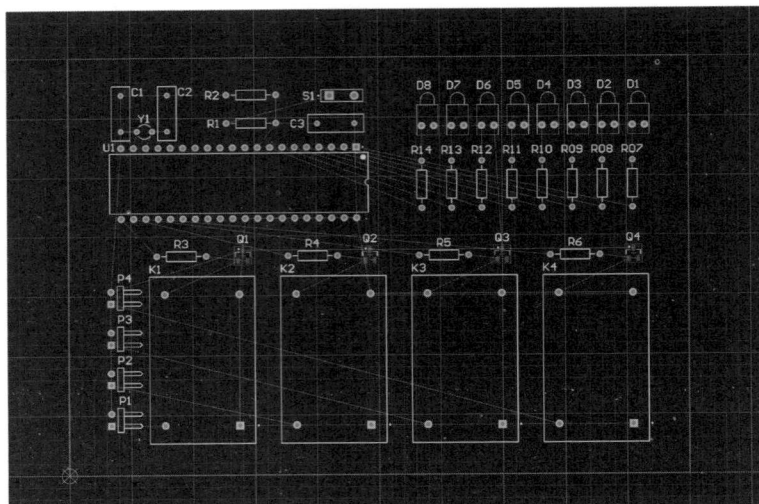

图 4-46 在机械层 1 绘制 PCB 边框线

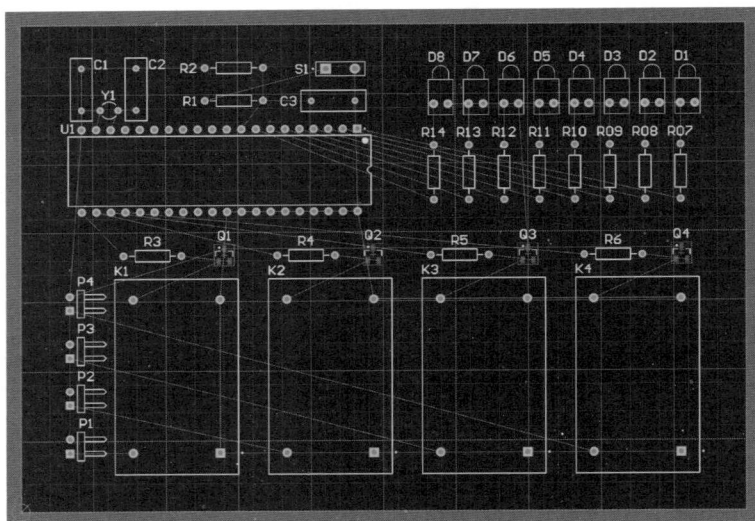

图 4-47 规划好板框的 PCB

五、电路板布线

布线有手工布线和自动布线之分,手工布线是指设计人员使用布线工具栏的交互布线工具 ☑,对板上的导线进行手工布设;自动布线是指使用编辑器的自动布线菜单的菜单命令进行布线,自动布线菜单如图 4-48 所示。

布线时尽量使不同板层的走线相互垂直,例如顶层走线为水平向,底层走线就尽量采用垂直向,反之亦然;电源线和地线原则上安排在不同板层,且尽量加粗;一些关键信号线也要加粗,或采用包地、敷铜的措施。

1. 手工布线

1) 布设 GND 导线

（1）打开 PCB 面板，在面板的对象窗口选择"Nets"，网络类窗口选择"All Nets"，在网络窗口选择"GND"，此时 PCB 上的 GND 节点高亮显示。

（2）将顶层切换为当前层，将跳转步长设置为 5 mil，点击布线工具栏上的交互布线工具 ，移动光标到这些节点（焊盘）上，点击左键确定导线起点，此时按下 Tab 键，可打开网络交互布线对话框，在该对话框中设置导线属性，如图 4-49 所示。

设置好导线属性后，移动光标到下一节点，点击鼠标左键，确定途中各段导线及终点。在移动光标过程中，可使用空格键调整导线出线方向。布设好 GND 后的 PCB 如图 4-50 所示。

自动布线(A) 报告(R) Window
全部(A)...
网络(N)
网络类(E)...
连接(C)
区域(R)
Room(M)
元件(O)
器件类(P)...
选中对象的连接(L)
选择对象之间的连接(B)
添加子网络连接器(D)
删除子网络连接器(V)
扇出(F) ▶
设置(S)...
停止(T)
复位
Pause

图 4-48　自动布线菜单

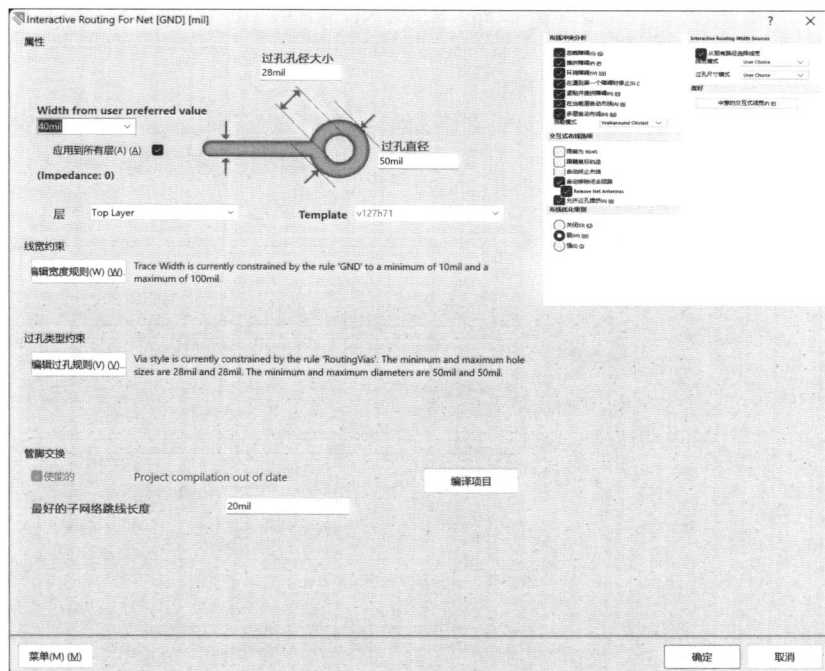

图 4-49　设置导线属性

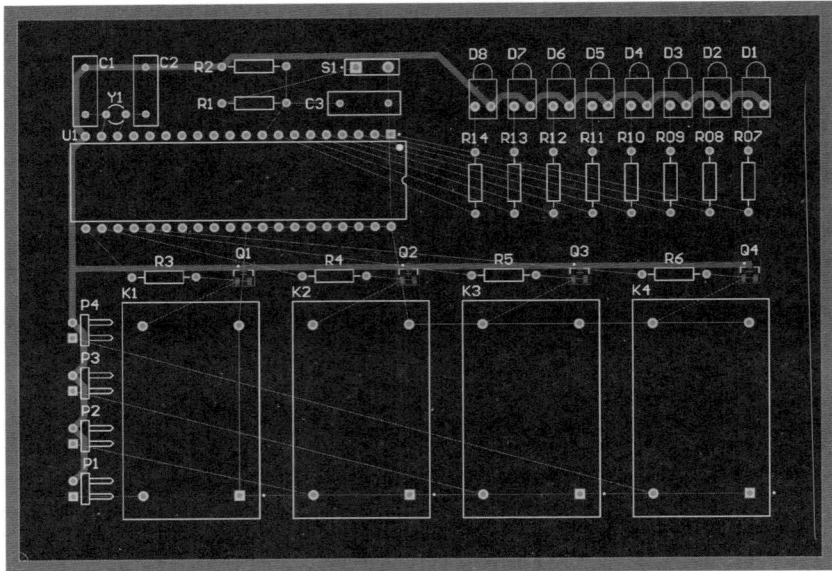

图 4-50　完成 GND 布线

2）布设＋5V 导线

将底层切换为当前层,在 PCB 面板网络窗口选择"＋5V"网络,按照前面布设 GND 导线的方法,将高亮显示的节点(焊盘)使用交互布线工具 进行连接,完成后如图 4-51所示。

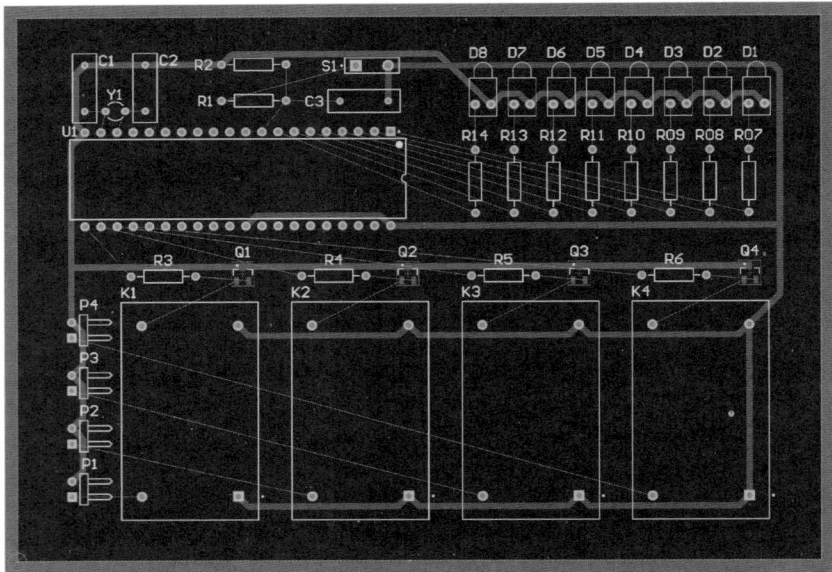

图 4-51　完成＋5V 布线

3）布设 U1 与发光二极管电路连线

将底层切换为当前层，使用交互布线工具进行连接，完成后如图 4-52 所示。

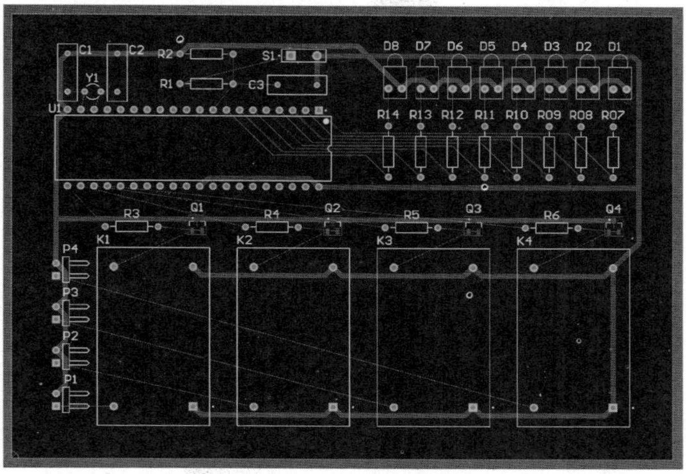

图 4-52 彩图

图 4-52 完成 U1 与发光二极管电路连线

2. 自动布线

其他导线采用自动布线，执行菜单命令【自动布线（A）】→【全部（A）】，打开【Situs 布线策略】对话框，在【布线策略】选项区选择"Default 2 Layer Board"，选中【锁定已有布线】单选项，如图 4-53 所示。

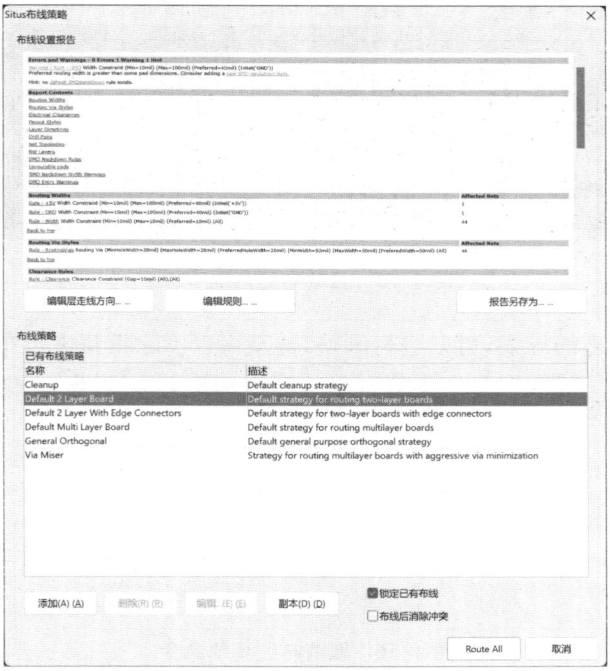

图 4-53 设置布线策略

点击【Route All】按钮，打开"Messages"面板，显示自动布线进度，如图 4-54 所示。

Class	Document	Source	Message	Time	Date	No.
Situs Ev...	MyPCB.PcbD...	Situs	Starting Memory	14:24:00	2024/7/...	5
Situs Ev...	MyPCB.PcbD...	Situs	Completed Memory in 0 Seconds	14:24:00	2024/7/...	6
Situs Ev...	MyPCB.PcbD...	Situs	Starting Layer Patterns	14:24:00	2024/7/...	7
Routing...	MyPCB.PcbD...	Situs	Calculating Board Density	14:24:00	2024/7/...	8
Situs Ev...	MyPCB.PcbD...	Situs	Completed Layer Patterns in 0 Seconds	14:24:00	2024/7/...	9
Situs Ev...	MyPCB.PcbD...	Situs	Starting Main	14:24:00	2024/7/...	10
Routing...	MyPCB.PcbD...	Situs	Calculating Board Density	14:24:00	2024/7/...	11
Situs Ev...	MyPCB.PcbD...	Situs	Completed Main in 0 Seconds	14:24:01	2024/7/...	12
Situs Ev...	MyPCB.PcbD...	Situs	Starting Completion	14:24:01	2024/7/...	13
Situs Ev...	MyPCB.PcbD...	Situs	Completed Completion in 0 Seconds	14:24:01	2024/7/...	14
Situs Ev...	MyPCB.PcbD...	Situs	Starting Straighten	14:24:01	2024/7/...	15
Situs Ev...	MyPCB.PcbD...	Situs	Completed Straighten in 0 Seconds	14:24:01	2024/7/...	16
Routing...	MyPCB.PcbD...	Situs	24 of 24 connections routed (100.00%) in 1 Second	14:24:01	2024/7/...	17
Situs Ev...	MyPCB.PcbD...	Situs	Routing finished with 0 contentions(s). Failed to complete 0 co...	14:24:01	2024/7/...	18

图 4-54　Messages 面板显示布线进度

关闭面板，返回 PCB 编辑器，显示的布线结果如图 4-55 所示。

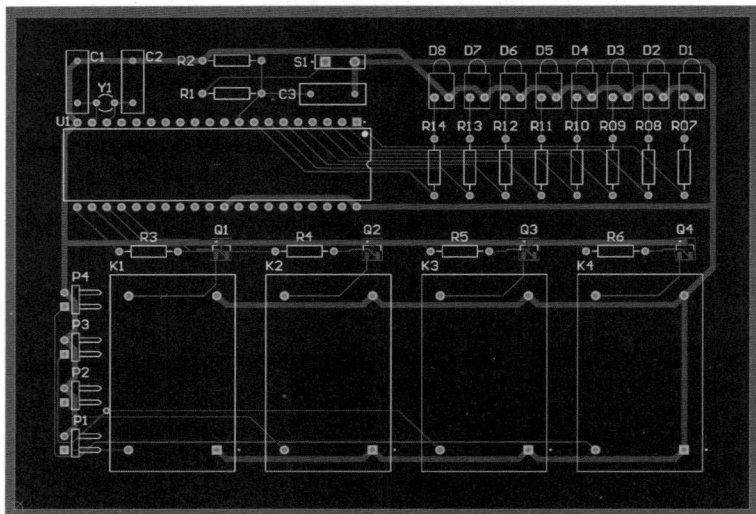

图 4-55 彩图

图 4-55　自动布线后的 PCB

对于走线不合理的导线，可以进行调整，甚至可以拆除重新进行布设。在菜单【工具(T)】→【取消布线(A)】下有 5 个菜单命令，如图 4-56 所示，可撤销相关布线。完成调整后的 PCB 如图 4-57 所示。

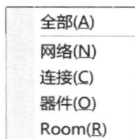

全部(A)
网络(N)
连接(C)
器件(O)
Room(R)

图 4-56　取消布线菜单命令

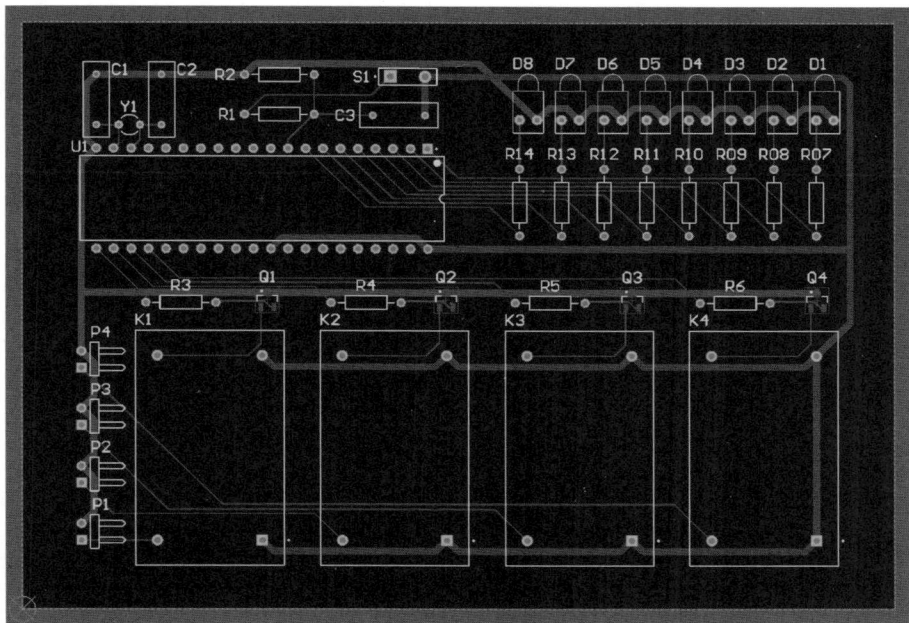

图 4-57　调整好导线的 PCB

六、电路板敷铜

印制电路板上的大面积敷铜有两种作用：一是散热；二是可以减小地线阻抗，并且屏蔽电路板的信号交叉干扰，以提高电路系统的抗干扰能力。使用敷铜时要注意，在使用大面积的实心敷铜时，应在敷铜区内部开窗口，因为电路板的基板和铜箔之间的黏合剂长时间受热会产生挥发性气体，若使用大面积实心敷铜，将会使得所产生的气体无法排出，热量不易散发，致使铜箔膨胀脱落。为避免这种情况出现，在使用敷铜时，可选择栅格状的敷铜。

（1）点击配线工具栏的放置多边形平面工具 ▨ ，打开【多边形敷铜】对话框，如图 4-58 所示。

在对话框上方"填充模式"选项区有三种敷铜填充模式：Solid（实心填充）、Hatched（导线填充）、None（无填充），这里选择"Hatched"；"轨迹宽度"也就是填充区导线宽度，设置为 10 mil；"网络选项"选项区的"链接到网络"选择"＋5V"；"属性"选项区的"层"选择"Bottom Layer"，如图 4-58 所示。

（2）点击对话框下方的【确定】按钮，返回 PCB 编辑器。移动光标，在电路板内部画一个矩形框，包含全部元件和导线，完成后点击鼠标右键，退出命令状态。此时电路板底层被铜膜导线覆盖，如图 4-59 所示。敷铜区会自动连接到＋5V 网络导线，而给其他网络导线留出一条通路。

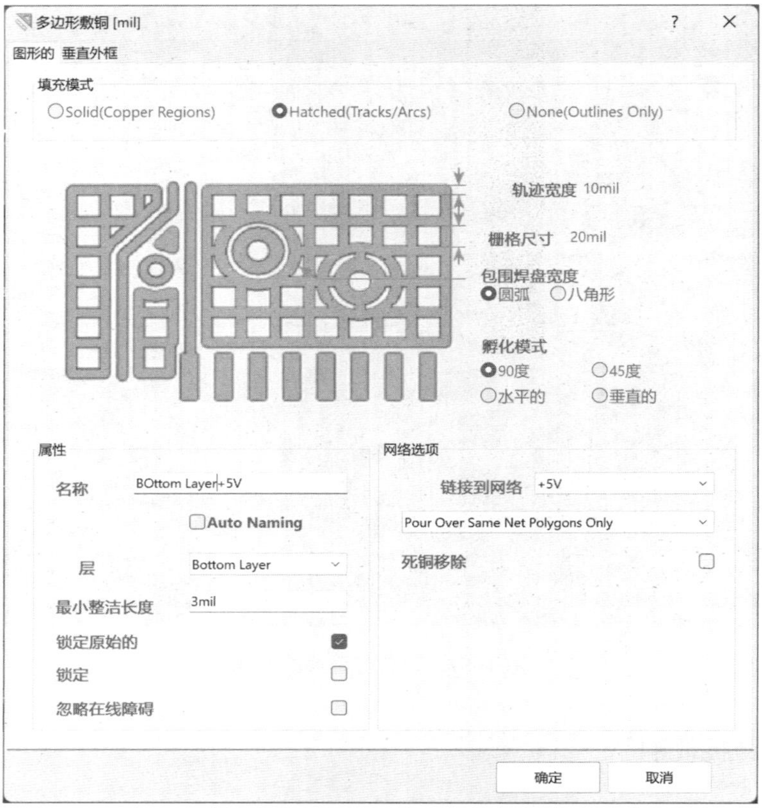

图 4-58　设置多边形敷铜属性

图 4-59 彩图

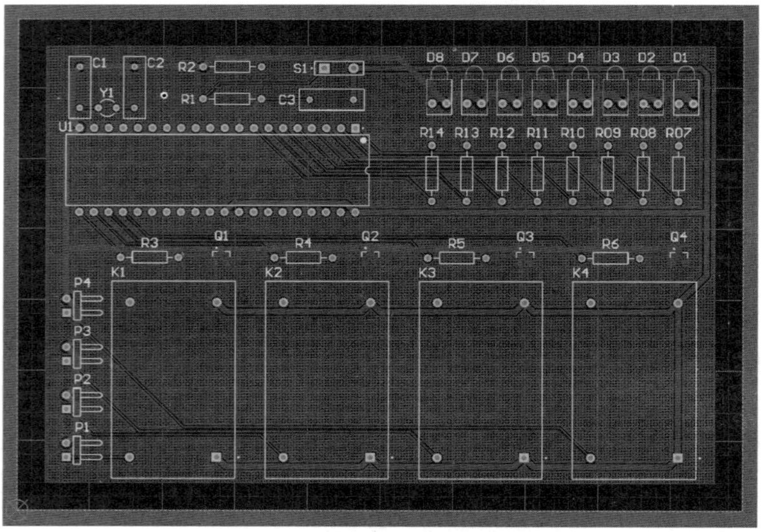

图 4-59　敷铜后的 PCB

任务 13　PCB 设计规则检查

完成 PCB 设计后,需进行设计规则检查。执行菜单命令【工具(T)】→【设计规则检查(D)...】,打开【设计规则检测】对话框,选中左边窗口的"Rules to Check",如图 4-60 所示。

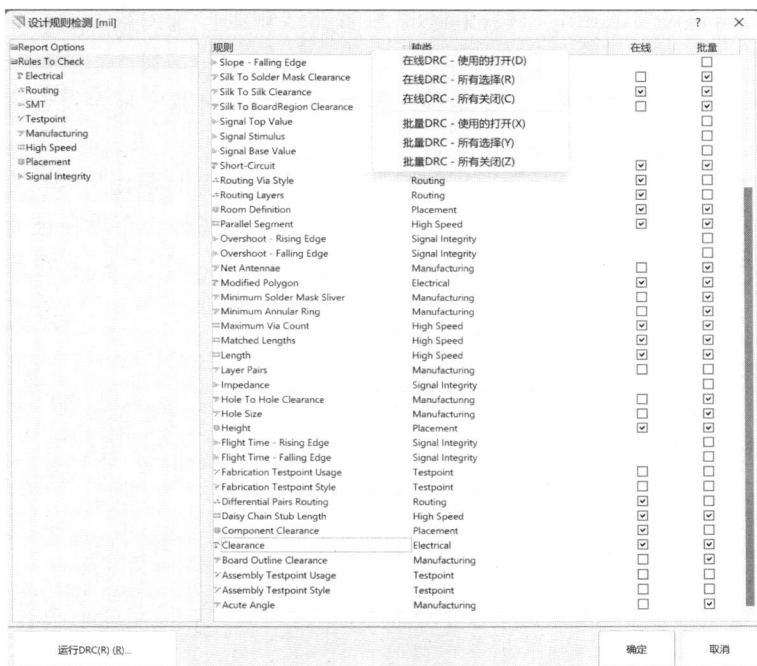

图 4-60　【设计规则检测】对话框

在右边窗口右击鼠标,依次选中【在线 DRC-所有关闭(C)】和【批量 DRC-所有关闭(Z)】,先关闭各种规则。

1. 设置电气间距规则检查内容

点击左边窗口的"Electrical",按图 4-61 设置电气间距规则检查内容。窗口中的五项内容分别是:

(1) Un-Routed Net:表示开路网络,同网络但未连接在一起的电气线路。

(2) Un-Connected Pin:表示开路引脚,同网络但未连接在一起的电气线路。

(3) Short-Circuit:表示短路检查,不同网络的电气线路接触,即被视为短路。

(4) Modified Polygon:表示改进的多边形间距。

(5) Clearance:表示电气间距,主要是检查之前设置好的电气间距规则。

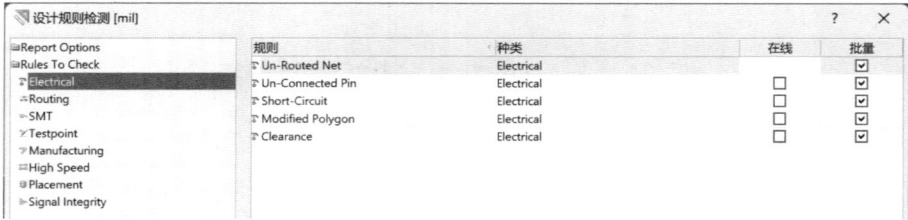

图 4-61　设置电气间距规则检查内容

2. 设置布线规则检查内容

点击左边窗口的"Routing"，按图 4-62 设置布线规则检查内容。窗口中的四项内容分别是：

（1）Width：表示线宽规则，主要是检查板上布设的线路宽度是否符合之前设置的线宽规则。

（2）Routing Via Style：表示导孔类型，主要是检查板上的导孔是否符合导孔规则。

（3）Routing Layers：表示布线层，主要是检查电气线路是否布设在被允许的层上。

（4）Differential Pairs Routing：表示差分线规则，主要是检查板上的差分线是否符合差分规则。

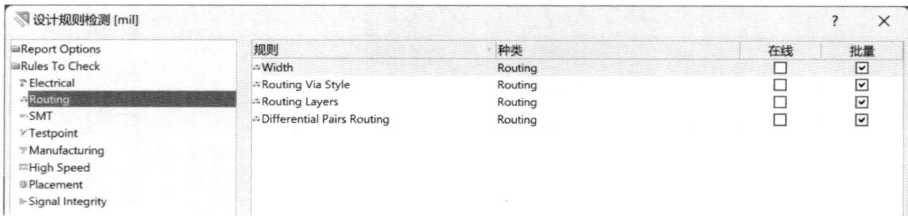

图 4-62　设置布线规则检查内容

3. 设置可制造性检查内容

1）设置 SMT 检查内容

点击左边窗口的"SMT"，按图 4-63 设置 SMT 检查内容。窗口中的四项内容分别是：

（1）SMD To Plane：SMD 平面检测。

（2）SMD To Corner：SMD 出线拐角检测。

（3）SMD Neck-Down：同层铜皮间距检测。

（4）SMD Entry：贴片焊盘出线检测。

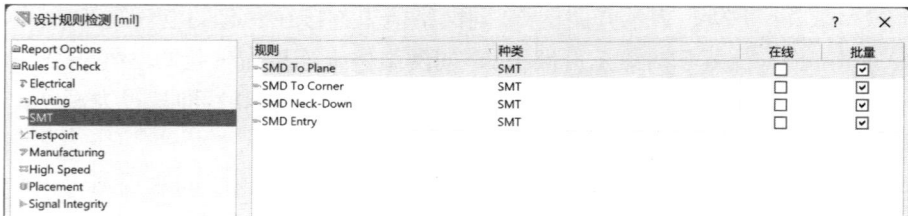

图 4-63　设置 SMT 检查内容

2）设置 Manufacturing 检查内容

点击左边窗口的"Manufacturing"，按图 4-64 设置 Manufacturing 检查内容，主要包括安装孔径、安装孔间距、阻焊桥、丝印上盘、丝印间距和天线线头等规则检查。窗口中各项内容分别为：

（1）Acute Angle：锐角走线检测。

（2）Board Outline Clearance：板卡轮廓间隙约束条件。

（3）Hole Size：安装孔径尺寸检测。

（4）Hole To Hole Clearance：安装孔间距检测。

（5）Layer Pairs：层叠检测。

（6）Minimum Annular Ring：焊盘铜环最小宽度检测。

（7）Minimum Solder Mask Sliver：最小焊盘检测。

（8）Net Antennae：天线线头的规则检测。

（9）Silk To Board Region Clearance：丝印与板框的间距检测。

（10）Silk To Silk Clearance：丝印与丝印的间距检测。

（11）Silk To Solder Mask Clearance：丝印与焊盘的间距检测。

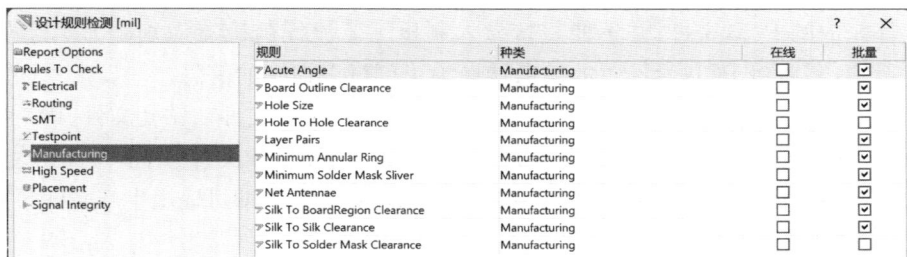

图 4-64　设置 Manufacturing 检查内容

4. 设置布局规则检查内容

点击左边窗口的"Placement"，按图 4-65 设置布局规则检查内容。

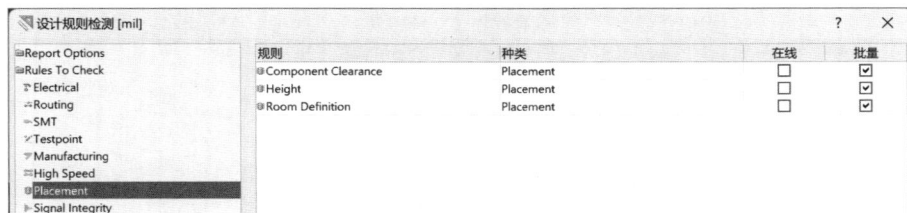

图 4-65　设置布局规则检查内容

将各项需检查的内容设置好后，点击图 4-60【设计规则检测】对话框左下角的【运行 DRC(R)(R)...】，系统将根据设置的设计规则，对 PCB 进行检查。完成检查后，自动生成一份检查报告，同时弹出 Messages 面板，如图 4-66 所示。用户根据信息面板的提示，分析 PCB 中是否存在错误，如果有错误，那么双击信息面板中的错误项，返回 PCB。这时,出错的地方将被放大并移到工作区的中间,用户可以对其进行修改,直至排除所有错误。如果 Messages 面板为空,那么表示没有违反设计规则。

图 4-66　Messages 面板

任务 14　输出生产文件

设计完成的 PCB 文件,并不能直接导入制板工艺流程被机器识别。为了连接设计端和工厂端,需要将 PCB 设计中的信息转换为工厂可以识别的信息。

一套完整的生产文件,应该包含光绘文件(又称 Gerber 文件)、钻孔文件、IPC 网表文件(用于核对生成的光绘文件和 PCB 文件是否一致)、贴片坐标文件(用于器件贴装)和装配文件(用于辅助器件贴装)等,对 PCB 进行 DRC 检查,无误后即可输出生产文件。

1. 输出光绘文件

执行菜单命令【文件(F)】→【制造输出(F)】→【Gerber Files】,调出光绘文件输出设置界面。主要设置有以下五项。

(1) 通用:光绘单位选择"英寸",格式一般设置为"2∶5",如图 4-67 所示。

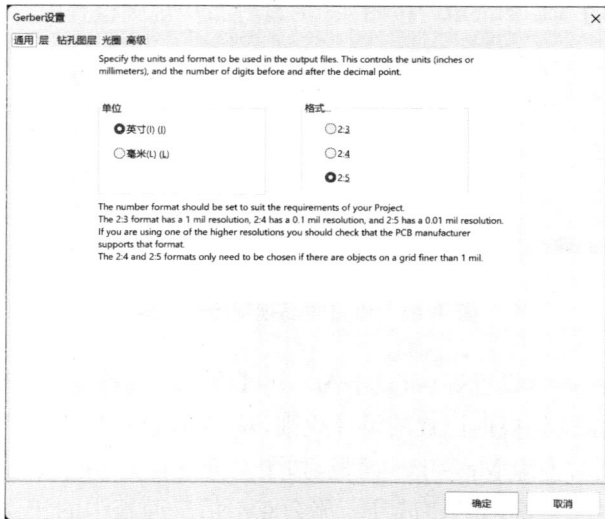

图 4-67　光绘"通用"设置

（2）层：点击下方【画线层（P）（P）】选择"所有使用的（U）（U）"，勾选右侧的机械层"Mechanical 1"，如图4-68所示。

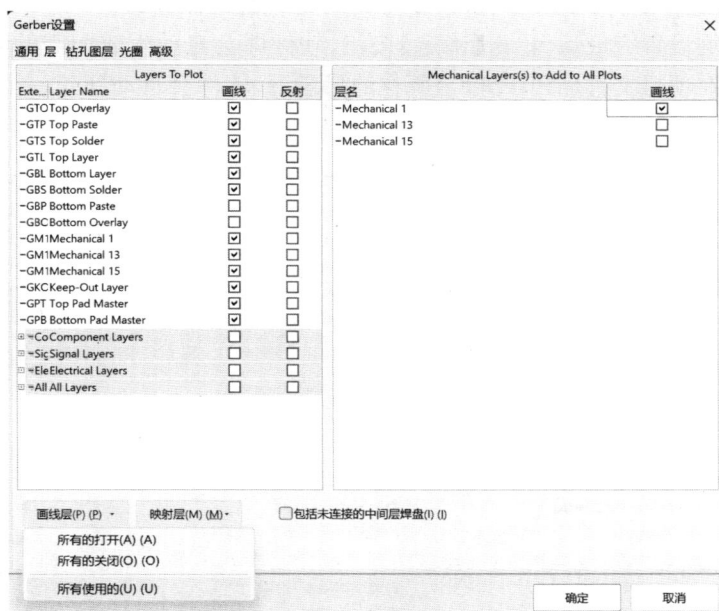

图4-68　光绘"层"设置

（3）钻孔图层：设置主要针对的是钻孔图层，一般参考图4-69设置即可。

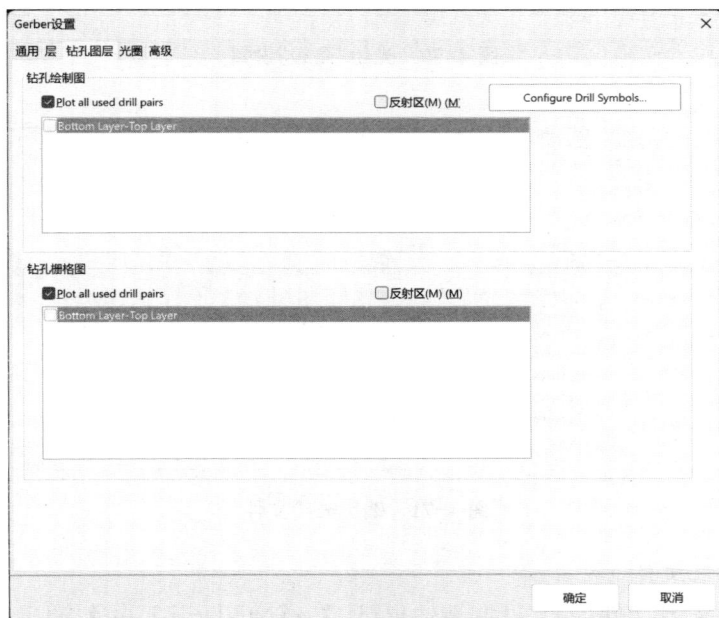

图4-69　光绘"钻孔图层"设置

117

（4）光圈：光圈采用系统默认设置即可。

（5）高级：如图 4-70 所示，此界面需要设置的是菲林的尺寸。根据经验，一般只需将"X""Y"和"边界尺寸"三项均增加一个 0 即可，其他保持默认。

这些项目均设置完成后，单击【确定】按钮，软件即会自动生成所需的光绘文件。默认的文件输出在项目文件（. PRJDOC）所在的目录下，软件会自动新建一个文件夹，命名为"Project Outputs for..."。本例输出的文件如图 4-71 所示。

图 4-70　光绘"高级"设置

图 4-71　输出光绘文件

2. 输出钻孔文件

执行菜单命令【文件（F）】→【制造输出（F）】→【NC Drill Files】，调出钻孔文件输出设置界面，一般直接按照默认设置输出即可，如图 4-72 所示。

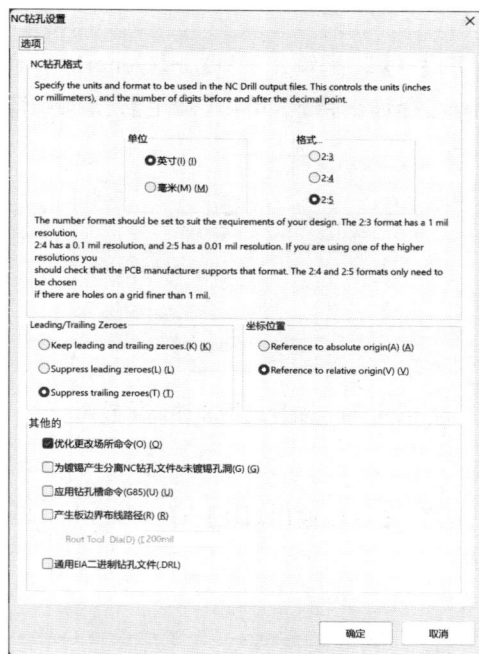

图 4-72　钻孔文件输出设置界面

3. 输出 IPC 网表文件

IPC 网表是用于核对光绘文件和 PCB 文件是否一致的辅助性文件。

执行菜单命令【文件（F）】→【制造输出（F）】→【Test Point Report】，调出如图 4-73 所示的 IPC 网表文件输出设置界面。在该界面中，报告格式选择"IPC - D - 365A"，其他选择默认设置即可。

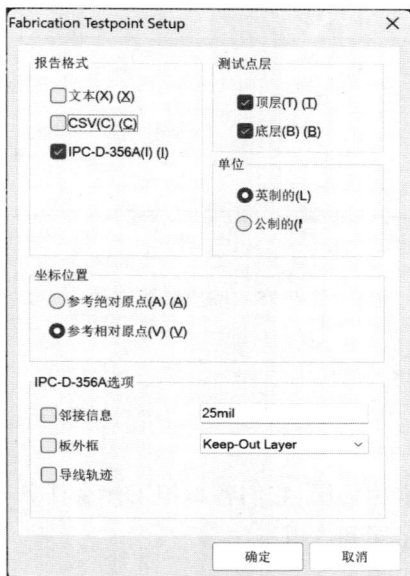

图 4-73　IPC 网表文件输出设置界面

4. 输出贴片坐标文件

执行菜单命令【文件(F)】→【装配输出(B)】→【Generates Pick and Place Files】,调出贴片坐标文件设置界面,选择输出格式,单击【确定】完成输出,如图 4-74 所示。

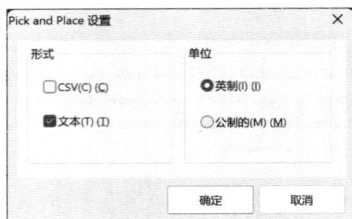

图 4-74 贴片坐标文件设置界面

5. 输出装配文件

执行菜单命令【文件(F)】→【装配输出(B)】→【Assembly Drawings】,系统自动输出装配文件,如图 4-75 所示。

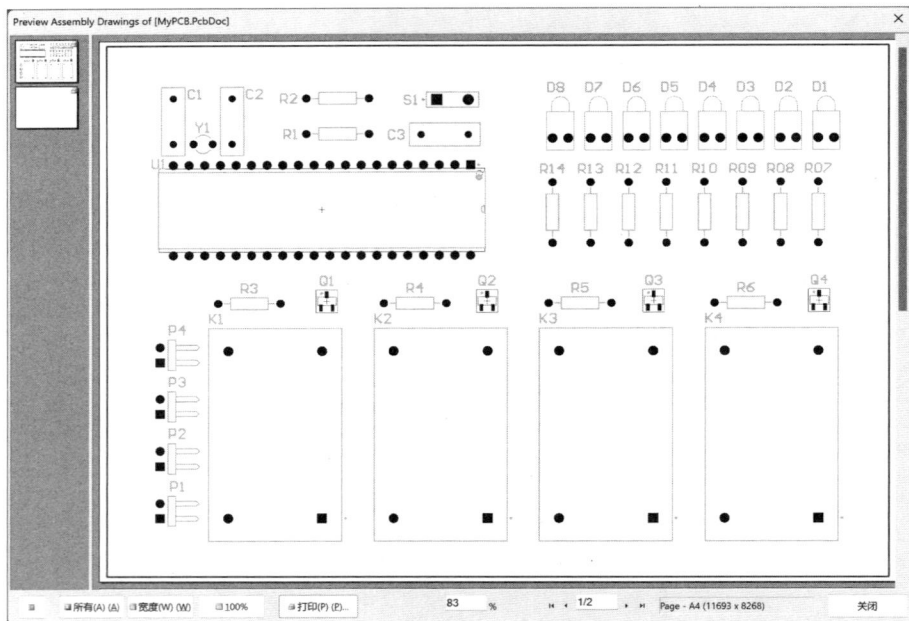

图 4-75 输出装配文件

思考与练习

1. 什么是 PCB 元件?

2. 电路板设计有哪些常用板层,它们各承担了什么任务?

3. 如何添加或删除信号层和内电层?

4. 如何手工规划电路板板框?

5. 如何设置 PCB 常用设计规则？如何设置多个同类规则的优先级？

6. 如何使用排列菜单或调准子工具栏排齐元件？

7. 如何在 PCB 上放置导线？如何修改导线？

8. 如何将原理图设计信息载入 PCB 编辑器中？

9. 如何进行手工布线？如何进行自动布线？

10. 如何对 PCB 进行敷铜？

11. 如何对 PCB 进行设计规则检测并排查错误？

12. 将项目二的思考与练习第 15 题所绘制的原理图设计成一块 PCB。要求：① 双面矩形板，大小自定；② 将电源和地网络加宽到 40 mil。

项目五 | PCB 元件制作

项目描述

本项目用四个实例,结合微课视频详细介绍了 PCB 元件的制作方法和制作过程。在进行 PCB 设计时,必须给每一个原理图元件指定相应的 PCB 元件,并将这些 PCB 元件所在的元件库加载到 PCB 编辑器中,接下来才能将原理图的设计信息转换为 PCB 的连接信息,并载入 PCB 编辑器。虽然 CAD 软件为我们提供了丰富的元件封装库,但在实际设计中,由于技术的快速发展,新的电子元件不断出现,有时候可能在系统元件库中找不到我们所需要的元件,这时候就需要自己动手来制作这些元件,并在设计中使用这些元件。

项目目标

(1) 熟悉 PCB 库编辑器和常用操作。
(2) 熟悉制作 PCB 元件的流程。
(3) 能熟练制作 PCB 元件,并能在设计中使用自己制作的元件。

微课视频

微课 1　PCB 元件及制作流程
微课 2　如何制作 PCB 元件
微课 3　手工制作 PCB 元件
微课 4　使用向导制作 PCB 元件
微课 5　使用自己制作的 PCB 元件

项目五　微课视频

任务 1　制作插入式元件 7SEGDIP10

打开项目二建立的 PCB 设计项目 Mydesign. PrjPCB,在该项目下新建一个文件名为 MyPcbLib. PcbLib 的 PCB 库文件,在该文件中制作图 5-1 所示的数码管

PCB 元件 7SEGDIP10。元件参数为:焊盘直径为 60 mil、孔径为 30 mil,上下两行焊盘的距离为 600 mil,相邻焊盘的距离为 100 mil。

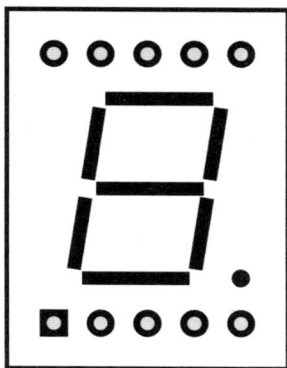

图 5-1　元件 7SEGDIP10

需要用到的相关知识,PCB 元件的概念、PCB 库编辑器、PCB 元件制作方法等相关内容可观看微课视频的微课 1~微课 3。

该元件制作过程如下:

1. 建立 PCB 库文件

(1) 打开 PCB 项目文件 Mydesign. PrjPCB,打开项目面板,将光标移到项目名称上右击鼠标,在弹出的菜单中选择【给工程添加新的(N)】→【PCB Library】,如图 5-2 所示。

图 5-2　新建 PCB 库文件

(2) 在项目面板新建的库文件上右击鼠标,选择弹出菜单中的【保存】命令,打开保存文件对话框,如图 5-3 所示,将其和项目文件"Mydesign. PrjPCB"保存在同一个文件夹"STUDY"中,并将文件名更改为 MyPcbLib,点击【保存(S)】按钮保存。

图 5-3　设置保存位置和文件名

2. 制作元件 7SEGDIP10

新建 PCB 库文件后，自动打开该文件，进入 PCB 库编辑器，如图 5-4 所示。

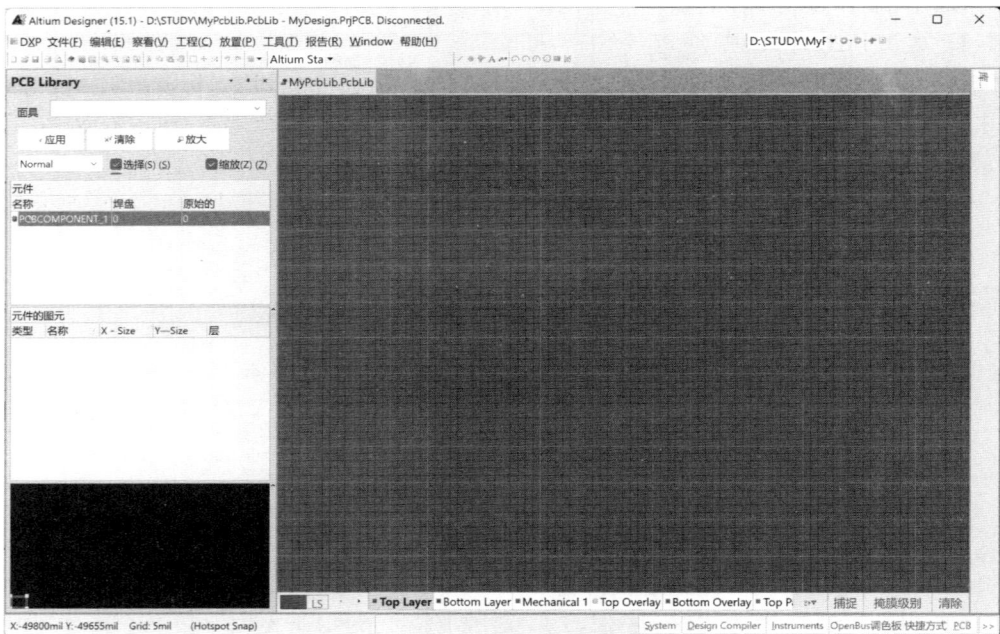

图 5-4　PCB 库编辑器

元件的制作过程如下：

（1）打开 PCB 库元件管理面板，双击元件列表窗的空白元件"PCBCOMPONENT_1"（在建立 PCB 库文件时自动添加的），弹出【PCB 库元件】对话框，在该对话框中输入元件名"7SEGDIP10"，如图 5-5 所示。

（2）点击【确定】按钮，元件 PCBCOMPONENT_1 被改名为 7SEGDIP10。

（3）执行菜单命令【编辑(E)】→【设置参考(F)】→【定位(L)】，将十字光标移到工作区中，点击鼠标左键，确定坐标原点。

（4）点击标准工具栏上的栅格工具 ，在弹出的下拉菜单中选择【设置跳转栅格(G)...】，在弹出的对话框中输入跳转步长为 50 mil，如图 5-6 所示。点击【确定】按钮返回 PCB 库编辑器。

图 5-5　修改元件名

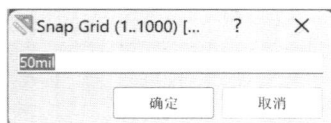

图 5-6　设置栅格跳转步长

（5）点击 PCB 库放置工具栏的放置焊盘工具 ，按下键盘上的 Tab 键，打开焊盘属性对话框，按图 5-7 设置焊盘属性。

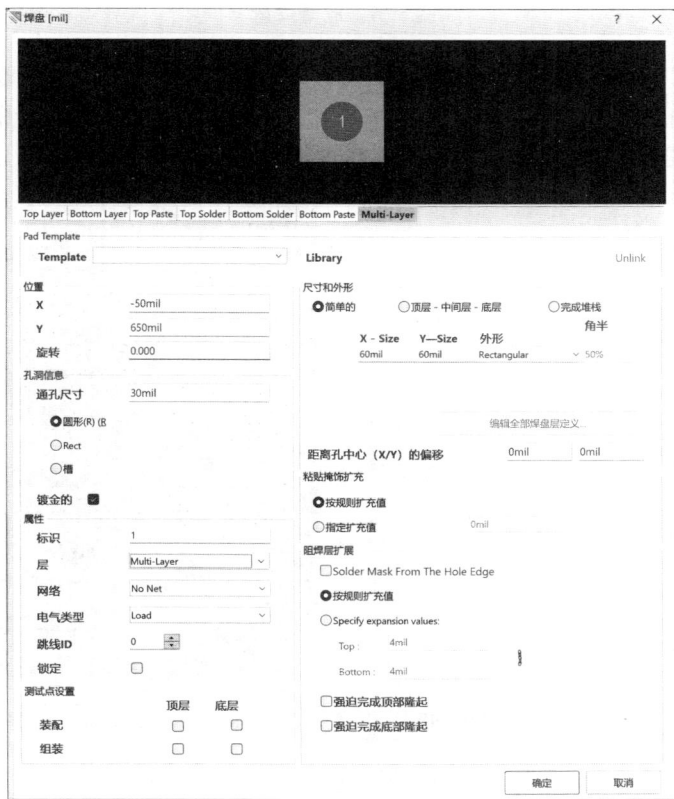

图 5-7　设置第 1 个焊盘参数

（6）点击【确定】按钮，返回 PCB 库编辑器。移动十字光标到坐标原点处左击鼠标，放下第 1 个焊盘。

（7）按下键盘上的 Tab 键，再次打开焊盘属性对话框，在尺寸与外形选项区"外形"列选择"Round"（圆形），其他选项不变。返回 PCB 库编辑器后，按照任务所给的焊盘间距，移动十字光标，依次放下其他 9 个焊盘。在放置过程中，焊盘的编号会自动加 1，不需每次手动更改编号。放好全部焊盘后的 PCB 元件如图 5-8 所示。

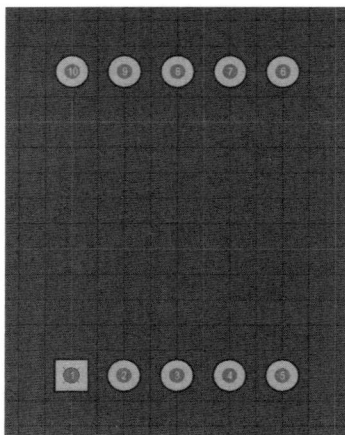

图 5-8 放置焊盘

（8）将当前层切换为"Top Overlay"（顶层丝印层），点击 PCB 库放置工具栏的放置走线工具，按下 Tab 键，在弹出的对话框中将线宽修改为 10 mil，如图 5-9 所示。返回 PCB 库编辑器，在焊盘的周围绘制元件轮廓线，完成后如图 5-10 所示。

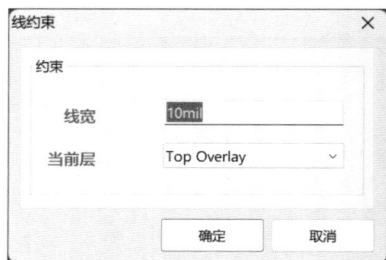

图 5-9 修改线宽为 10 mil

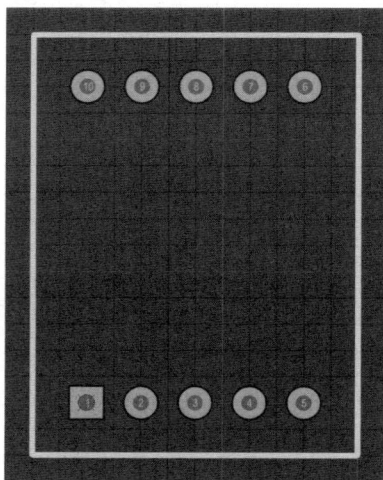

图 5-10 绘制元件边框

（9）将栅格跳转步长设置为 5 mil，将当前层切换为"Mechanical 1"（机械层 1），点击放置工具栏的绘制直线工具，按下 Tab 键，将线宽设置为 30 mil，在两列焊盘的中间绘制"8"字符号;在左下角处用放置圆环工具◎画一个小圆,在其属性对话框中将弧线宽度设置为 20 mil。完成后元件如图 5-11 所示,这样我们就完成了元件 7SEGDIP10 的制作,此时 PCB 库编辑器如图 5-12 所示。

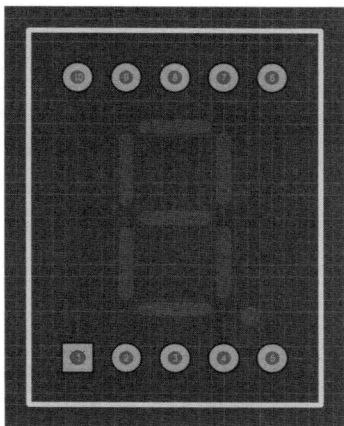

图 5-11　绘制好的元件

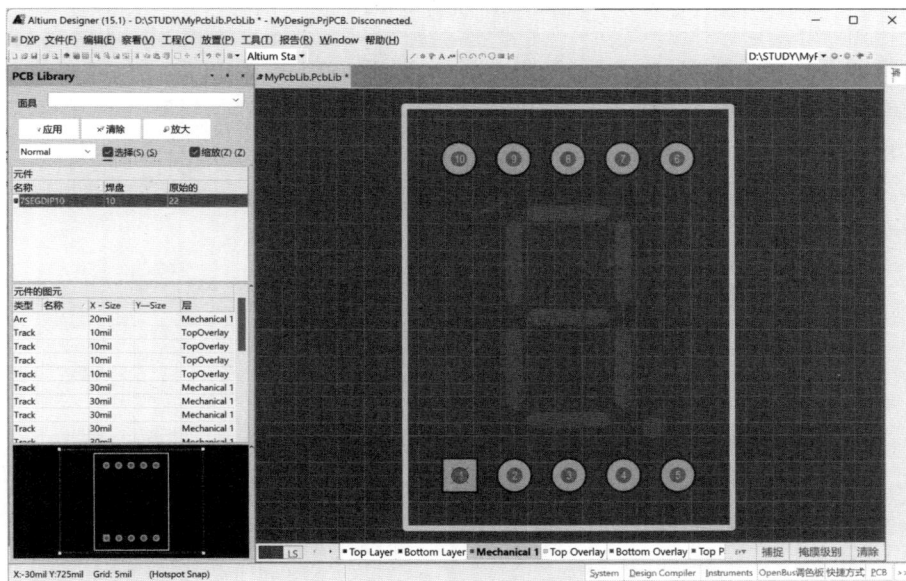

图 5-12　完成元件制作后的 PCB 库编辑器

任务 2　制作表贴式元件 SOP14

在已创建的 PCB 库文件 MyPcbLib.PcbLib 中制作如图 5-13 所示的表贴式元件 SOP14，其参数为：焊盘在 x 轴方面和 y 轴方向的尺寸分别为 25 mil 和 80 mil；上下两行焊盘的距离为 300 mil，相邻焊盘的距离为 50 mil。

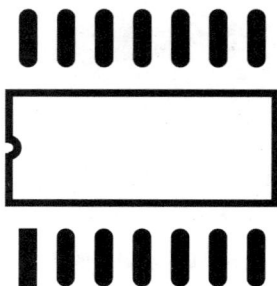

图 5-13　元件 SOP14

需要用到的相关知识，如 PCB 元件的概念、PCB 库编辑器、PCB 元件制作方法等相关内容可观看微课视频的微课 1～微课 3。微课 4 介绍了使用向导制作元件的过程。

本元件采用向导方式制作，过程如下：

（1）执行菜单命令【工具（T）】→【元器件向导（C）...】，打开元件向导对话框，如图 5-14 所示。

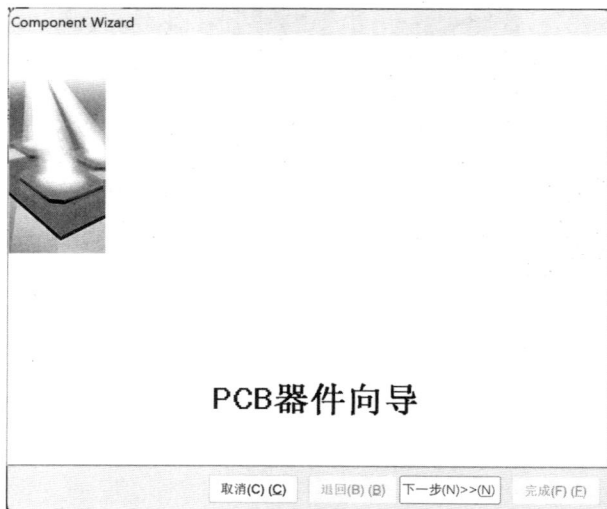

图 5-14　进入 PCB 元件制作向导

（2）点击【下一步(N)>>(N)】按钮，进入选择封装模式对话框，在模式窗口中选择"Small Outline Packages(SOP)"，在选择单位窗口选择"Imperial(mil)"，如图 5-15 所示。

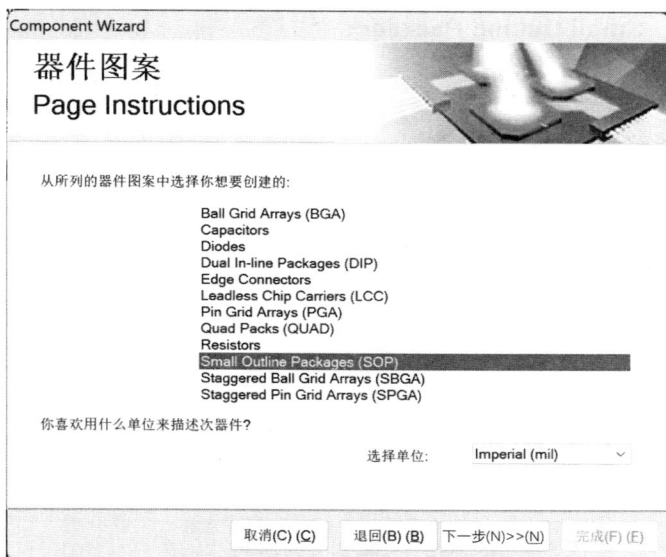

图 5-15 选择封装模式

（3）点击【下一步(N)>>(N)】按钮，进入设置焊盘尺寸对话框，按图 5-16 设置焊盘尺寸。

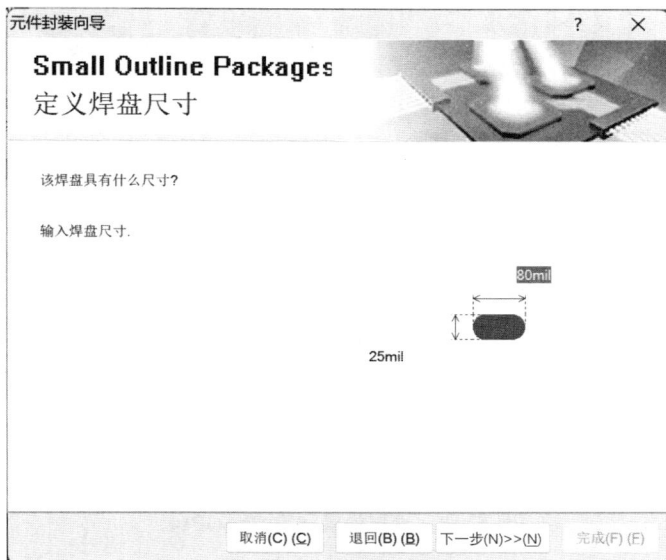

图 5-16 设置焊盘尺寸(SOP14)

（4）点击【下一步(N)>>(N)】按钮，进入设置焊盘间距对话框，按图 5-17 设置焊盘间距。

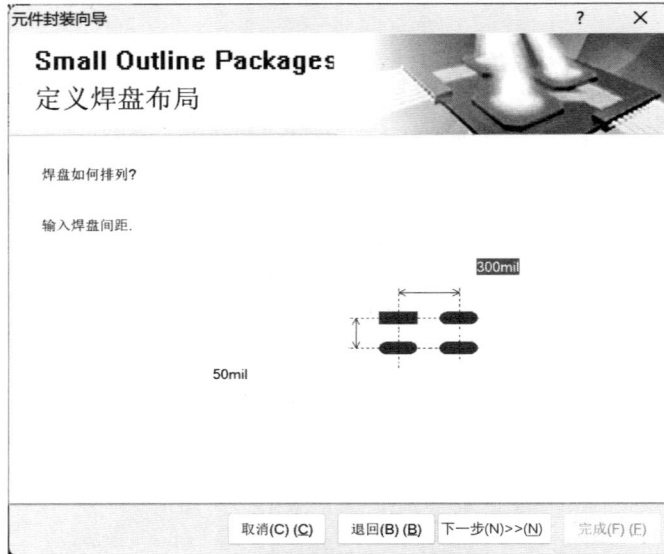

图 5-17 设置焊盘间距(SOP14)

（5）点击【下一步(N)>>(N)】按钮，按图 5-18 设置元件轮廓线宽度。

图 5-18 设置轮廓线宽度(SOP14)

（6）点击【下一步（N）>>（N）】按钮，按图5-19设置焊盘数量。

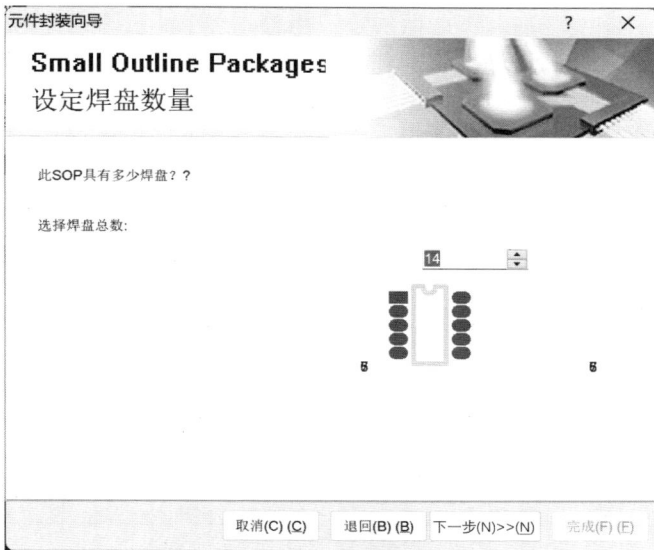

图5-19　设置焊盘数量（SOP14）

（7）点击【下一步（N）>>（N）】按钮，按图5-20设置元件名称。

图5-20　设置元件名称（SOP14）

（8）点击【下一步(N)>>(N)】按钮，进入完成对话框，如图 5-21 所示。

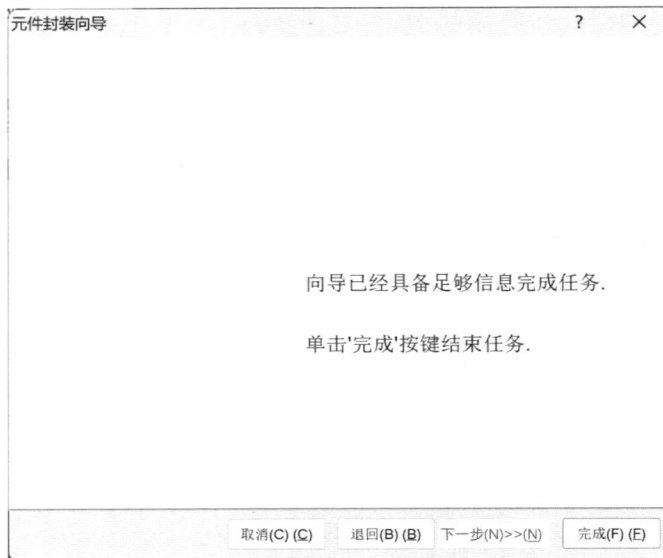

图 5-21　完成元件制作

（9）点击【完成(F)(F)】按钮，关闭向导，返回 PCB 库编辑器。此时，用向导制作的元件 SOP14 出现在元件列表窗中，同时工作区中显示该元件，如图 5-22 所示。

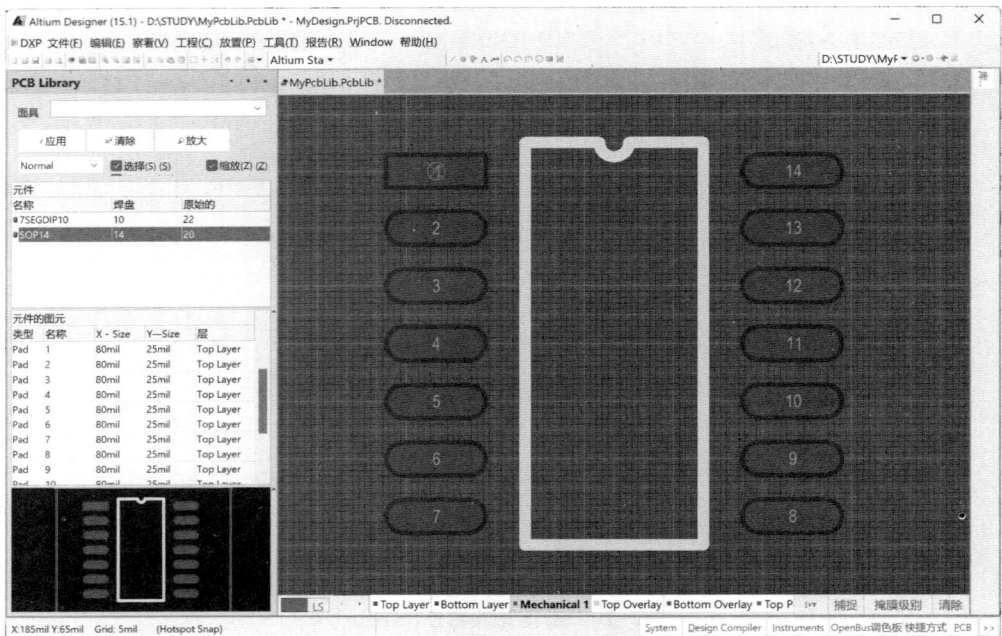

图 5-22　利用向导制作的元件 SOP14

任务 3　制作已知三视图的 PCB 封装元件

在已创建的 PCB 库文件 MyPcbLib. PcbLib 中制作一个三视图如图 5-23 所示的 PCB 元件,并命名为 DIP18。

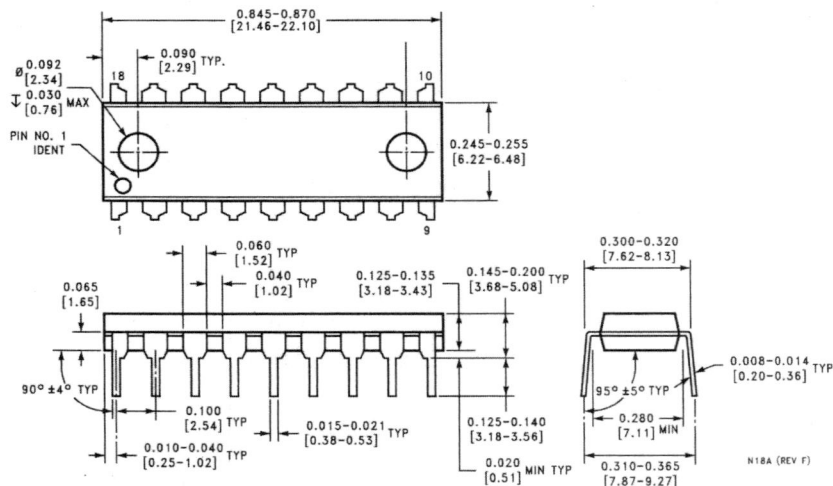

图 5-23　元件三视图

图 5-23 所示元件为插入式元件,共有 18 个管脚。根据图中所给的尺寸,可设置焊盘孔径为 28 mil,焊盘直径为 60 mil,相邻焊盘距离为 100 mil,两列焊盘距离为 300 mil。

需要用到的相关知识,如 PCB 元件的概念、PCB 库编辑器、PCB 元件制作方法等相关内容可观看微课视频的微课 1～微课 4。

本元件采用向导方式制作,过程如下:

(1) 将光标移到 PCB 库元件管理面板的元件列表窗中点击鼠标右键,选中弹出菜单中的【元件向导(W)】命令;或者执行菜单命令【工具(T)】→【元器件向导(C)...】,打开元件向导对话框,如图 5-24 所示。

(2)点击【下一步(N)>>(N)】按钮,在对话框中选择"Dual in-line Packages(DIP)"模型,如图 5-25 所示。

(3) 点击【下一步(N)>>(N)】按钮,按图 5-26 设置焊盘尺寸。

(4) 点击【下一步(N)>>(N)】按钮,按图 5-27 设置焊盘间距。

(5) 点击【下一步(N)>>(N)】按钮,按图 5-28 设置元件轮廓线宽度。

(6) 点击【下一步(N)>>(N)】按钮,按图 5-29 设置焊盘数量。

(7) 点击【下一步(N)>>(N)】按钮,按图 5-30 设置元件名称。

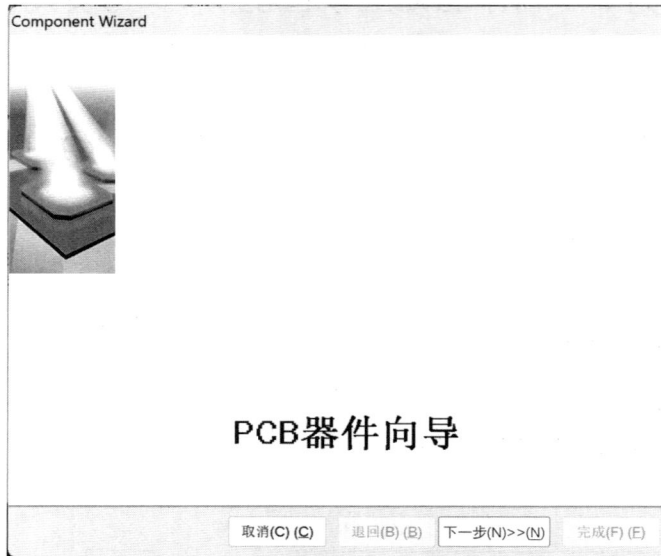

图 5-24　进入 PCB 元件制作向导

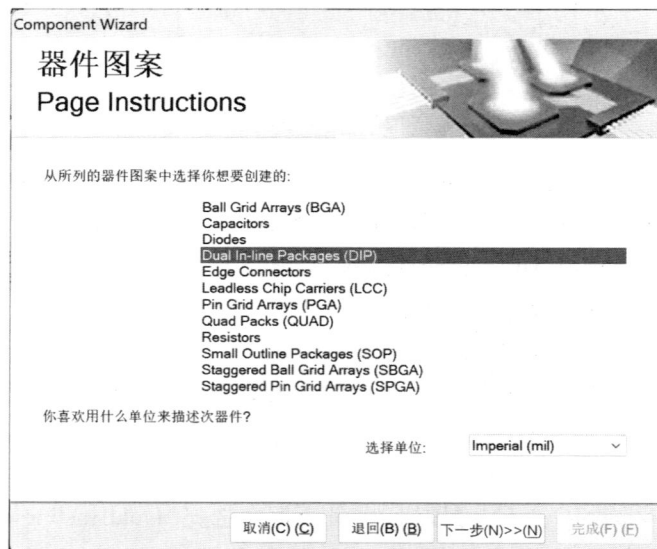

图 5-25　选择封装模型

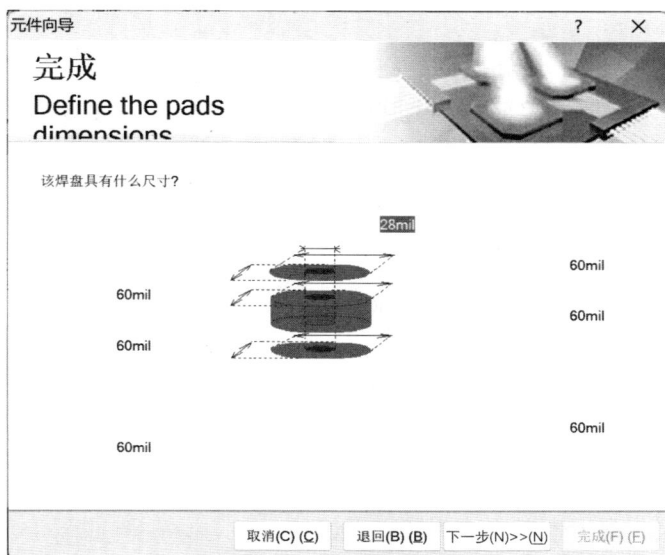

图 5-26　设置焊盘尺寸（DIP18）

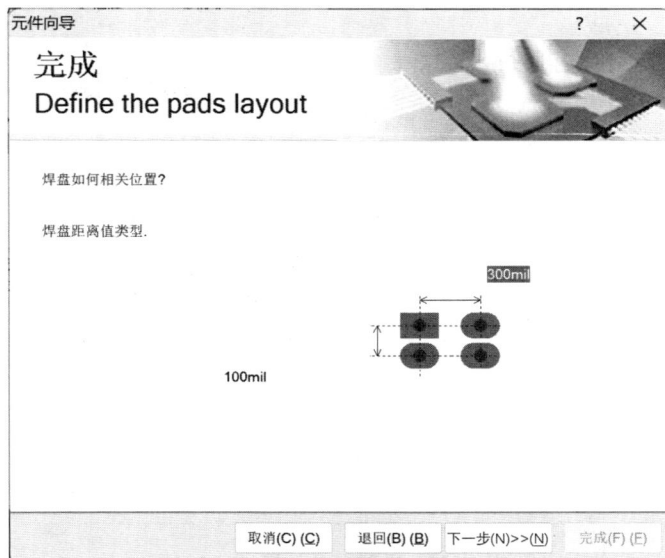

图 5-27　设置焊盘间距（DIP18）

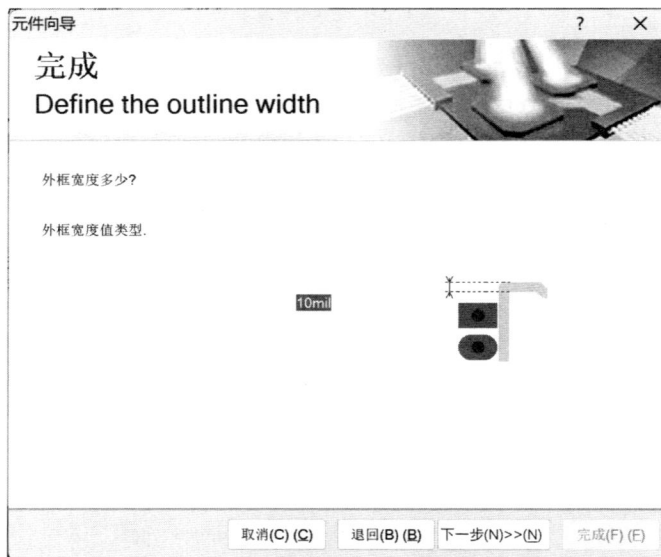

图 5-28　设置轮廓线宽度(DIP18)

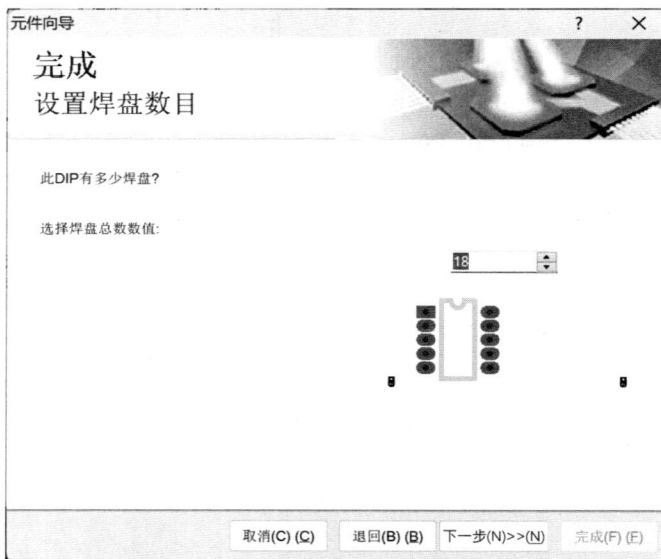

图 5-29　设置焊盘数量(DIP18)

图 5-30 设置元件名称(DIP18)

元件 DIP18 制作完成后的 PCB 库编辑器如图 5-31 所示。

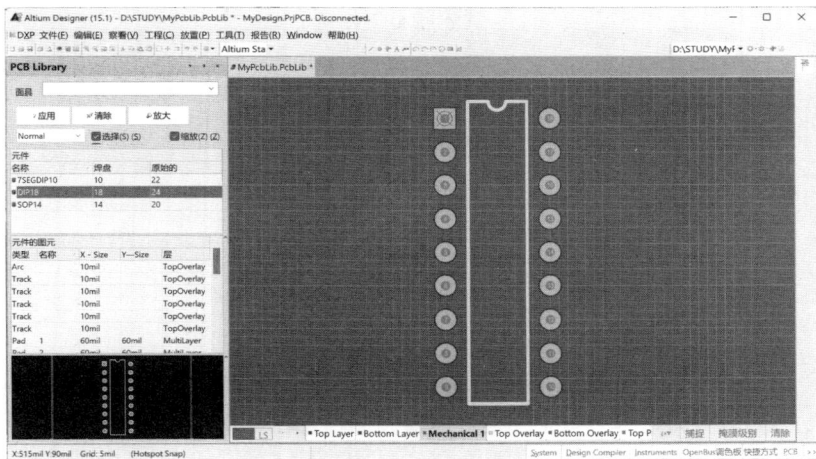

图 5-31 三个元件制作完成后的 PCB 库编辑器

至此，我们就在 PCB 库 MyPcbLib.PcbLib 中制作了 7SEGDIP10、SOP14 和 DIP18 这三个元件。

任务 4 如何使用自己制作的 PCB 元件

前面的项目和任务介绍了如何制作原理图元件和 PCB 元件，现在我们来学习如何给原理图元件添加 PCB 元件。这样，在使用原理图元件时才会配上相应的 PCB 元件。

以我们前面建立的 PCB 项目文件"MyDesign.PrjPCB"为例，我们在该项目下的原理图库文件"MySchLib. SchLib"中制作了七段共阳数码管 7SEG CA 和四-二输入与非门 74LS00 两个原理图元件；在 PCB 库文件"MyPcbLib. PcbLib"中制作了7SEGDIP10 和 SOP14 两个 PCB 元件，它们可以分别作为两个原理图元件的 PCB 元件。下面介绍如何给原理图元件添加匹配的 PCB 元件。在本项目的微课 5 有相关视频介绍。

在 PCB 设计项目中使用自己制作的 PCB 元件的过程如下：

（1）打开 PCB 项目 MyDesign. PrjPCB 及项目下的原理图库文件 MySchLib. SchLib。

（2）打开 MySchLib. SchLib 的原理图元件库管理面板，选中 7SEG CA，如图 5-32 所示。

图 5-32 原理图元件库管理面板

（3）点击管理面板下方模型列表窗的【添加】按钮，打开【添加新模型】对话框，选择"Footprint"，如图 5-33 所示。

图 5-33 添加新模型

（4）点击【确定】按钮，打开【PCB 模型】对话框，在【PCB 元件库】选项区选中【库路径】选项，如图 5-34 所示。

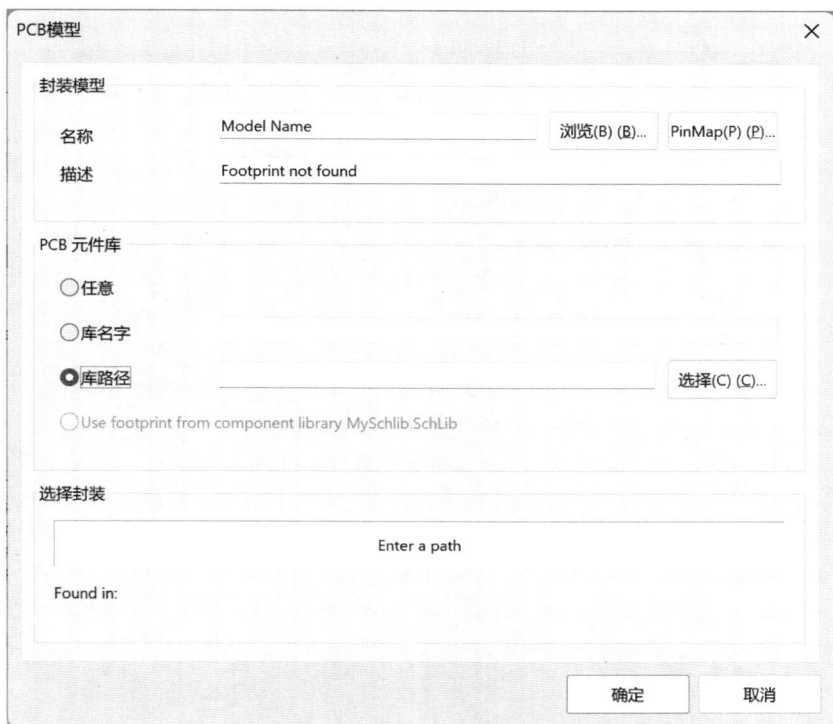

图 5-34　【PCB 模型】对话框

（5）点击【选择(C)(C)...】按钮，在打开的对话框中通过 PCB 库文件 MyPcbLib.PcbLib 的保存路径找到并选择该文件，如图 5-35 所示。

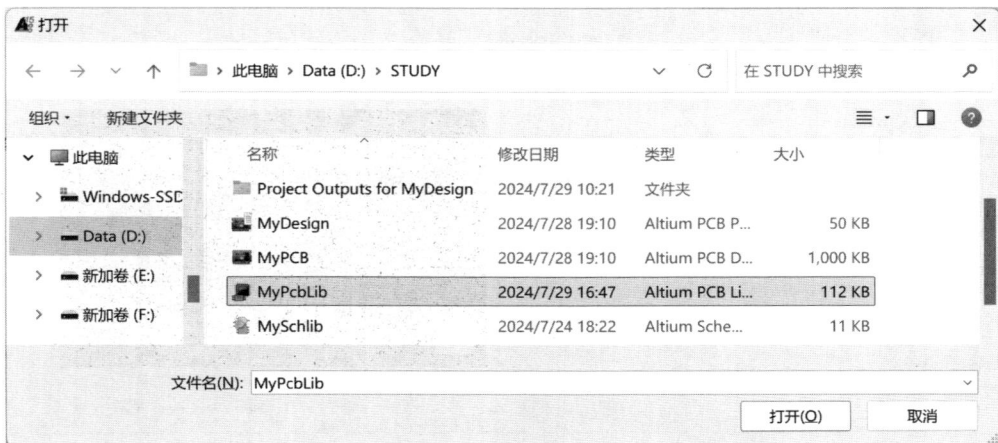

图 5-35　选择 PCB 库文件

（6）选择图中的"MyPcbLib"文件，点击【打开（O）】按钮，返回【PCB 模型】对话框，如图 5-36 所示。

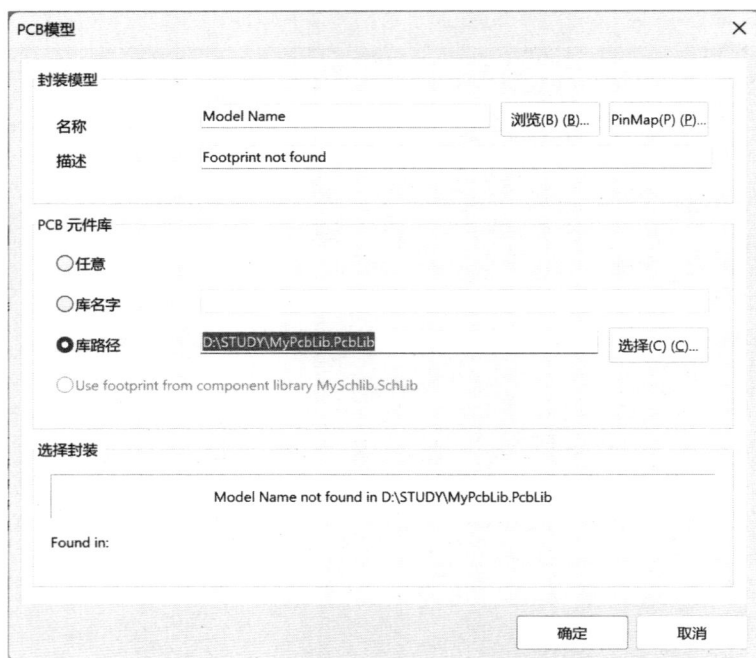

图 5-36　选择好 PCB 库文件的【PCB 模型】对话框

（7）点击【封装模型】选项区的【浏览（B）（B）...】按钮，打开【浏览库】对话框，在元件列表窗选择"7SEGDIP10"，如图 5-37 所示。

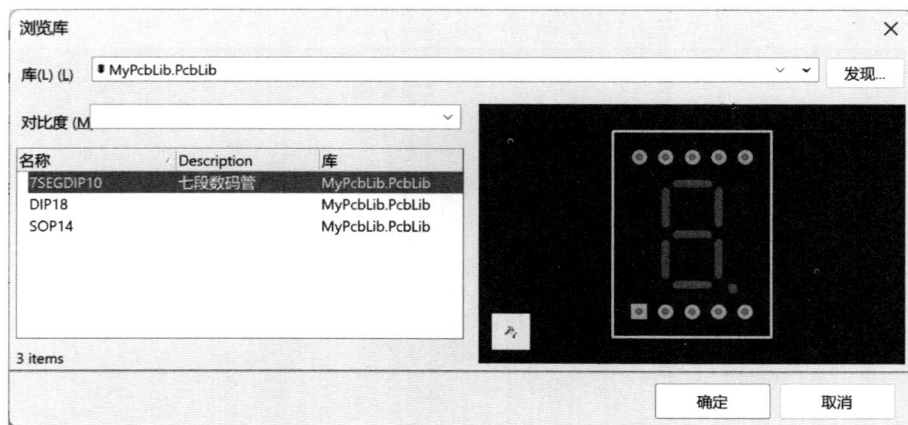

图 5-37　选择 PCB 元件

（8）点击【确定】按钮，返回【PCB 模型】对话框，此时在【封装模型】选项区显示选中的 PCB 元件，如图 5-38 所示。

图 5-38 选择好 PCB 元件的【PCB 模型】对话框

（9）点击【确定】按钮，返回原理图元件库编辑器，此时元件库管理面板模型窗口显示新添加的 PCB 元件。

图 5-39 添加 7SEGDIP10 后的元件库管理面板

用相同方法,给元件 74LS00 添加 PCB 元件 SOP14,完成后的元件库管理面板如图 5-40 所示。

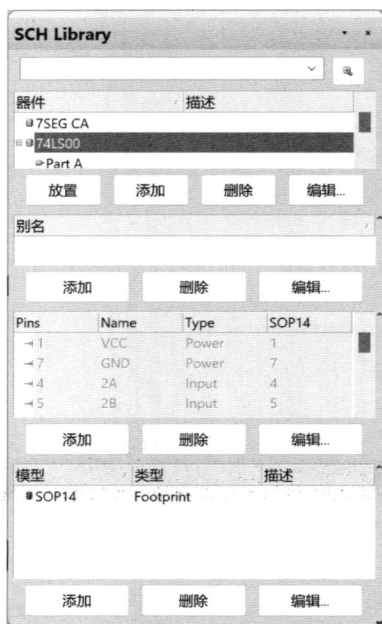

图 5-40　添加 SOP14 后的元件库管理面板

思考与练习

1. PCB 元件由哪几个部分组成?

2. PCB 元件有哪两种类型? 它们的焊盘各有什么特点?

3. PCB 元件的元件图一般放置在哪一个板层上?

4. 如何将 PCB 元件的第一个焊盘设置为参考焊盘?

5. 如何在设计中使用自己制作的 PCB 元件?

6. 新建一个 PCB 项目,保存在自己指定的文件夹中,名称自定。在该项目下新建一个 PCB 库文件,与 PCB 项目保存在同一个文件夹中。在 PCB 库文件中制作图 5-41 所示的元件。

(1) 元件 CAN8,焊盘直径为 75 mil,孔径为 35 mil,8 个焊盘呈圆形逆时针排列,圆的直径为 300 mil。

(2) 元件 SOP12,焊盘在 x 轴与 y 轴方向的尺寸分别为 25 mil 和 85 mil;上下两行焊盘的距离为 200 mil,相邻焊盘的距离为 50 mil。

(3) 元件 IDC10,焊盘直径为 60 mil,孔径为 32 mil,焊盘间距都是 100 mil,焊盘的排列顺序是自下而上、自左而右。

(4) 根据图 5-41(d)元件三视图所标注的尺寸,制作元件 SOP14。图中的尺寸,英制单位为 in,公制单位为 mm。

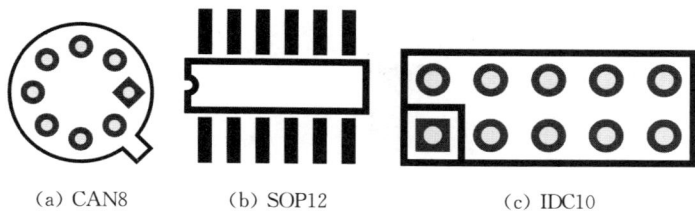

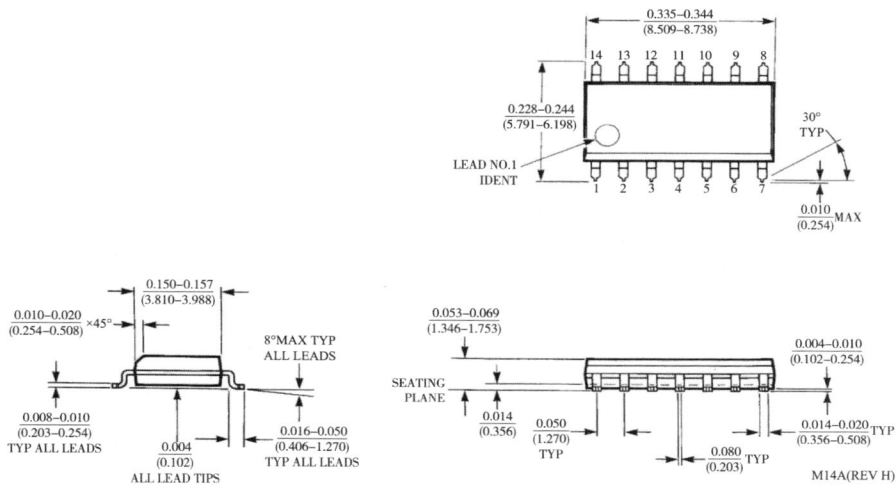

(a) CAN8　　　　(b) SOP12　　　　(c) IDC10

0.335—0.344
(8.509—8.738)

0.228—0.244
(5.791—6.198)

14 13 12 11 10 9 8

LEAD NO.1
IDENT

1 2 3 4 5 6 7

30°
TYP

0.010
(0.254) MAX

0.150—0.157
(3.810—3.988)

0.010—0.020
(0.254—0.508) ×45°

8°MAX TYP
ALL LEADS

0.008—0.010
(0.203—0.254)
TYP ALL LEADS

0.004
(0.102)
ALL LEAD TIPS

0.016—0.050
(0.406—1.270)
TYP ALL LEADS

0.053—0.069
(1.346—1.753)

SEATING
PLANE

0.014
(0.356)

0.050
(1.270)
TYP

0.080
(0.203) TYP

0.004—0.010
(0.102—0.254)

0.014—0.020
(0.356—0.508) TYP

M14A(REV H)

(d) 元件三视图

图 5-41　元件

143